°S
1906

AF457039

RECHERCHES

SUR

LES EXIGENCES DU TABAC

EN PRINCIPES FERTILISANTS

(PREMIÈRE PARTIE)

PAR

M. A.-CH. GIRARD

PROFESSEUR À L'INSTITUT NATIONAL AGRONOMIQUE

ET

M. EUG. ROUSSEAUX

PRÉPARATEUR À L'INSTITUT NATIONAL AGRONOMIQUE

(Extrait du *Bulletin du Ministère de l'Agriculture*, — 1899, n° 6)

PARIS

IMPRIMERIE NATIONALE

M DCCCC

RECHERCHES

SUR

LES EXIGENCES DU TABAC

EN PRINCIPES FERTILISANTS

(PREMIÈRE PARTIE),

PAR

M. A.-CH. GIRARD,

PROFESSEUR À L'INSTITUT NATIONAL AGRONOMIQUE

ET

M. EUG. ROUSSEAUX,

PRÉPARATEUR À L'INSTITUT NATIONAL AGRONOMIQUE.

INTRODUCTION.

CONSIDÉRATIONS GÉNÉRALES SUR LA CULTURE DU TABAC.

ınd, vers 1560, Jean Nicot introduisit le tabac en France, il ne pouvait assuré-
s'imaginer quelle source énorme de revenus y trouveraient un jour le Trésor
et l'Agriculture nationale.

lques efforts louables que fassent les hygiénistes pour endiguer la passion du ta-
consommation suit une progression continue, ainsi que le montrent les chiffres
ts :

QUANTITÉS VENDUES.		QUOTITÉ DE LA CONSOMMATION PAR INDIVIDU.	
	kilogr.		kilogr.
1815	9,753,537	1783	0 320
1820	12,645,277	1830	0 352
1840	16,018,495	1845	0 529
1850	19,218,406	1861	0 763
1860	29,580,668	1867	0 800
1870	31,349,131	1875	0 840
1880	33,560,461	1878	0 870
1890	36,205,232	1889	0 945
1897	37,399,183	1897	0 970 [1]

e chiffre représente la moyenne générale pour la France. Mais la consommation est très variable
partement à l'autre; le tableau suivant indique les départements où l'on consomme le moins et
l'on consomme le plus de tabac :

Lozère	0k 389	Pas-de-Calais	1k 623
Aveyron	0 438	Meurthe-et-Moselle	1 738
Dordogne	0 483	Haut-Rhin	2 034
Vendée	0 507	Nord	2 253

Tandis que le rendement brut en argent d'un hectare de tabac dépasse 1,300 franc la valeur brute des autres récoltes est la suivante, d'après la statistique décennal de 1892 :

	VALEUR BRUTE PAR HECTARE.
Céréales (grains et paille)	314 francs.
Pommes de terre	454
Racines fourragères	511
Plantes fourragères annuelles	279
Prés temporaires	190
Prés naturels	224
Textiles et oléagineux	609
Sacchalifères	640

Le tabac occupe donc un rang privilégié parmi nos principales récoltes; dans la caté gorie des plantes industrielles qui, par la haute valeur de leurs produits, font l richesse des régions qui les cultivent, c'est, avec la betterave à sucre, une des rare cultures dont la prospérité ne semble pas menacée. On a vu, par exemple, les plante tinctoriales disparaître devant les couleurs artificielles; les plantes oléagineuses détrô nées par les huiles exotiques et les produits minéraux; les plantes textiles (lin e chanvre) qui couvraient en 1840 274,000 hectares, tomber à 62,000 en 1890 Pareil danger n'est point à craindre pour le tabac; les documents que nous venons d donner montrent, au contraire, quelle importance offre actuellement la culture de cet plante et quel avenir s'ouvre devant elle.

BUT DE CES RECHERCHES.

Ces considérations nous ont engagé à entreprendre une étude d'ensemble, dan le but d'apporter un contingent de documents agronomiques aux travaux si intéres sants faits par l'Administration des tabacs.

Parmi ces travaux, nous citerons en première ligne les magistrales recherches d l'éminent Directeur de l'École d'application des Manufactures de l'État, de notre véné Maître, M. Th. Schlœsing, membre de l'Institut.

M. Schlœsing, dans une série de mémoires, a déterminé expérimentalement le conditions de combustibilité des tabacs, les causes qui influent sur le développemen de la nicotine, l'action des engrais sur le développement du tabac, etc.

M. Blot, dans le «Mémorial des Manufactures de l'État», a particulièrement étudi l'assimilation de la potasse et la production de la nicotine dans le tabac. Il s'est livr aussi à une série d'expériences sur l'action des différents engrais, particulièrement a point de vue de la nicotine et de la combustibilité. Il convient également de citer se belles recherches sur les porte-graines.

M. Jehl a fait également d'intéressantes études sur la culture et le triage des graines

Enfin, diverses questions se rapportant principalement à la variation du taux de l nicotine pendant la végétation, ont été examinées par MM. Blot, Dengel, Gérard e Sorel.

Ainsi, tous ces travaux ont trait surtout à la production de la nicotine et à la com bustibilité, c'est-à-dire aux deux facteurs essentiels dont dépend la qualité des produits.

L'Administration des tabacs dirige non seulement la fabrication, mais aussi la e et, chaque année, elle publie un règlement auquel doivent se soumettre les urs.

puis le semis jusqu'à la récolte, que de soins minutieux ne faut-il pas, en effet, mener à bonne fin cette culture délicate! C'est pour avoir négligé l'une ou l'autre précautions, que la récolte se trouve compromise.

inspecteurs surveillent la culture et obligent, pour ainsi dire malgré lui, le ur à bien faire. Cependant, on se plaint souvent de cette tutelle, et sans doute our exagéré de la liberté fait exhaler des plaintes qui ne nous semblent pas jus-. Nous pouvons, au contraire, affirmer que, dans la région du Sud-Ouest tout ins, la culture du tabac est la seule qui soit relativement bien faite et que, si les urs étaient abandonnés à eux-mêmes, jamais elle n'aurait pu maintenir l'impor-qu'elle y a prise. La surveillance de la Régie n'est, en somme, gênante que pour ui ont l'intention de frauder. Le seul desideratum qu'on pourrait formuler à ce sans aucun esprit de critique, serait de voir la partie agricole de l'Administration bacs recrutée parmi les élèves des écoles d'agriculture, que leurs études préalables nt bien préparés à la surveillance et peut-être même à l'amélioration de la cul-oumise à leur contrôle.

si, que l'on envisage la pratique culturale ou bien les recherches dirigées vers ioration de la culture au point de vue de l'utilisation manufacturière de la plante, inistration des tabacs a fait des efforts considérables, qui laissent peu de place à uvelles études. Nous n'avons nullement la prétention d'aborder, après ses savants listes, des questions du même ordre, nous nous inclinons devant leur haute com-ce, en rendant hommage à leurs beaux travaux. C'est à eux seuls qu'appartient n de spécifier les conditions permettant d'obtenir les produits les plus parfaits, dant le mieux aux besoins du consommateur, et capables de maintenir au rang où il l'ont portée la réputation des tabacs de France.

is, à côté de ces questions, il en est d'autres qui sont du domaine de l'agro-générale, et parmi celles-ci, une surtout nous a paru particulièrement impor-c'est celle qui a trait aux exigences du tabac en principes fertilisants, c'est-à-la détermination des quantités de ces principes, que le tabac emprunte au sol le cours de sa végétation. C'est ce que Boussingault appelait «la statique des es cultivées», qu'il a d'ailleurs établie pour le tabac même. «Des recherches du genre, disait-il, si elles étaient entreprises en diverses localités, fourniraient aucun doute des faits intéressants à l'agronomie.»

utes les plantes n'ont pas les mêmes exigences; les unes empruntent de fortes ités de substances fertilisantes et demandent, par conséquent, des sols très riches; es, au contraire, sont, à cet égard, beaucoup moins difficiles et s'accommodent rains plus pauvres. D'un autre côté, certaines plantes absorbent plus particulière-un élément de préférence à d'autres, et c'est généralement celui-là qu'il faut donner en plus grande quantité pour satisfaire leur préférence.

détermination des principes fertilisants exigés par les différentes récoltes doit servir de base à l'application judicieuse des fumures. Pour quelques-unes de nos es cultivées, des travaux de ce genre ont été faits et l'on sait ce qu'empruntent l la plupart de nos principales récoltes.

cemment, notre Maître, M. A. Müntz, a jugé utile de porter ses recherches sur int en ce qui concerne la vigne; il n'a pas craint, en raison de la grande diversité que présente la culture de cette plante, de multiplier ses déterminations et de les effectuer dans les principaux vignobles de la France.

C'est un travail analogue que, de notre côté, nous avons voulu entreprendre sur le tabac. Les documents, en effet, qu'on possède sur ce sujet se bornent, à notre connaissance, à ceux qu'a fournis Boussingault dans son agronomie. Ces travaux déjà anciens (1857), faits en Alsace, ont conduit leur auteur à des chiffres d'exportation extraordinairement élevés, soit, par hectare :

Azote	429 kilogr.
Acide phosphorique	112
Potasse	442

Des expériences de cette nature, pour avoir une portée pratique, doivent être exécutées sur des étendues assez vastes; d'autre part, il est toujours dangereux de généraliser à tout un pays des données recueillies en un seul point, surtout pour les cultures qui sont faites dans des conditions très variées.

Partant de ces idées, nous avons institué des champs d'expériences dans 11 départements, représentant les différentes régions et les différentes conditions dans lesquelles le tabac est cultivé :

Départements produisant le tabac à fumer.

Pas-de-Calais.	Isère.
Meurthe-et-Moselle.	Dordogne.
Haute-Saône.	Gironde.
Savoie.	Lot-et-Garonne.

Départements produisant le tabac à priser et à mâcher.

Nord.	Lot-et-Garonne.
Ille-et-Vilaine.	Lot.

Cette multiplication des champs d'expériences nous a imposé un travail considérable, devant lequel nous n'avons pas reculé, espérant tirer parti de cette accumulation de documents, non seulement pour résoudre la question spéciale qui nous préoccupe, celle des exigences du tabac, mais aussi pour éclairer diverses questions se rapportant à cette culture.

PLAN DU TRAVAIL.

Notre premier soin a été de trouver des collaborateurs qui voulussent bien se prêter à ces expériences minutieuses et sur lesquels nous puissions absolument compter.

Nous avons été guidés dans ce choix si important, duquel dépendaient la réussite et l'exactitude de nos recherches, à la fois par l'Administration des tabacs et par les professeurs d'agriculture.

La conduite de ces expériences est en elle-même assez simple à concevoir. Il s'agit de connaître :

1° La quantité totale de tous les produits fournis par le tabac, depuis la transplantation jusqu'à la récolte; 2° la composition de ces produits.

Pour la plupart des cultures, cette détermination est facile ; pour le blé, par exemple, le se résume à l'évaluation des quantités de paille et de grains récoltées et à l'analyse un échantillon moyen.

En ce qui concerne le tabac, si, pendant sa végétation, aucune partie de la plante était enlevée, il suffirait de même, au moment de la récolte, d'arracher un certain ombre de pieds moyens, d'en déterminer le poids et la composition, et de rapporter, ır le calcul, les résultats au nombre de pieds par hectare. Mais il n'en saurait être nsi, car sa culture est compliquée.

Le tabac est d'abord semé sur couches, où il peut être entouré de tous les soins qui ssurent sa bonne venue; deux mois après, on le transporte sur le champ; c'est ce u'on appelle la *transplantation*, qui s'opère en lignes, pour faciliter les binages et les uttages nécessaires pendant les premiers temps de la végétation.

Les feuilles du bas, qui traînent sur le sol, ayant peu de valeur, on pratique leur ılèvement, appelé *nettoiement* ou *épamprement*.

Pour éviter ensuite que la plante monte à graines et pour régler le nombre des uilles à conserver, on supprime la tête des plantes, en exécutant un pincement dégné sous le nom d'*écimage*.

A la suite de cet écimage, il pousse, à la base des pieds et à l'aisselle des feuilles, s rejets ou bourgeons qu'on doit retrancher au fur et à mesure qu'ils se produisent, our que toute la sève concourre à la formation exclusive des feuilles; ce sont les *ourgeonnages*, dont le nombre peut varier, pour chaque pied, de deux à cinq.

Enfin, on procède à la récolte, quand les feuilles présentent les indices de la marité. Aussitôt après, a lieu le transport au séchoir, où le tabac est l'objet de nombreux ins avant d'être livré à la fabrication.

Il était indispensable, pour nos expériences, qu'aucune des parties enlevées à la lante ne nous échappât. Mais, comme il est impossible d'opérer sur une grande ırface et que d'ailleurs cette condition est inutile ici, étant donnée la grande homonéité de la culture du tabac, on a opéré sur une série de 100 pieds.

Nos collaborateurs, après avoir choisi sur une ou plusieurs lignes présentant une végétation moyenne dans le champ, 100 pieds délimités par des piquets, devaient nous dresser tous les produits de ces 100 pieds: au moment du nettoiement, de l'épamprement, de l'écimage et de chacun des ébourgeonnages.

Lors de l'enlèvement des pieds de mauvaise venue sur l'ensemble du champ, nous n recevions un échantillon et, s'il se rencontrait de ces pieds de mauvaise venue armi les 100 pieds en expérience, on complétait le nombre de ces derniers par d'autres ris à la suite.

Enfin, à la récolte, on nous envoyait 10 pieds entiers, avec leurs racines profondément arrachées. Cet échantillon devait représenter aussi exactement que possible la ıoyenne du champ. Si, par exemple, celui-ci renfermait 20 p. 100 de pieds forts, o p. 100 de pieds moyens et 10 p. 100 de pieds faibles, les 10 pieds de tabac de échantillon comprenaient 2 pieds forts, 7 pieds moyens et 1 pied faible.

Après la récolte, sur les 100 pieds en expérience, on déterminait, s'il y avait lieu, poids des regains tolérés par l'Administration et on nous en expédiait un échantillon 'environ 2 kilogrammes.

Ces instructions ont été ponctuellement suivies par nos collaborateurs, assistés d'un e nos anciens élèves et, en outre, d'un agent de l'Administration des tabacs, spécialement désigné à cet effet et qui devait être présent à tous les prélèvements. Enfin, nous n'avons pas hésité à entreprendre les voyages nécessaires, pour visiter la plupart de nos champs d'expériences.

Grâce aux facilités de toute nature qu'a bien voulu nous donner M. Brunet, directeur général des Manufactures de l'État, grâce au précieux concours que nous avons trouvé près du personnel de l'Administration des tabacs et tout spécialement près de M. Gérard, chef du bureau des cultures, jamais, nous pouvons le dire, des expériences de grande culture n'ont réuni des conditions aussi favorables d'exactitude et de régularité.

Avec les données ainsi recueillies, il nous était permis de calculer exactement l'exportation par hectare. Elle comprend :

1° Tous les produits enlevés pendant le cours de la végétation (feuilles de nettoiement ou d'épamprement, bourgeons d'écimage, bourgeons de tous les ébourgeonnages);

2° Les produits de la récolte et, dans quelques cas, le regain qui lui succède.

Ce n'est pas à la totalité des pieds primitivement plantés qu'il faut rapporter ces résultats, mais seulement à ceux qui ont réellement occupé le terrain pendant toute la végétation, ceux que l'Administration appelle les pieds restant en charge. Or, le nombre de ces pieds nous était fourni, pour chacun de nos champs d'expériences, par les feuilles d'inventaire.

Nous connaissions, d'autre part, le poids de tous les produits enlevés à 100 pieds moyens; il suffisait donc de multiplier par le nombre de pieds pris en charge, pour avoir le résultat par hectare.

Quant aux produits de la récolte proprement dite, ils comprennent : 1° les feuilles; 2° les tiges; 3° les racines. Leur poids a été déterminé sur 10 pieds qui, comme il a été dit précédemment, devaient représenter autant que possible la moyenne du champ.

D'ailleurs, nous avons un critérium très certain de l'exactitude de ces déterminations en ce qui concerne le produit le plus important, les feuilles; celles-ci, en effet, sont pesées à la livraison, puisque c'est d'après leur poids, rigoureusement établi par la Régie, qu'est fixé le payement au planteur. Bien que, dans la plupart de nos expériences, la concordance entre les chiffres que nous avons obtenus directement et ceux qui ont été relevés sur les feuilles de livraison (le tout ramené à l'état sec) ait été très remarquable, nous avons cru devoir adopter ces derniers, qui représentent mieux la moyenne de toute la plantation.

La détermination faite sur les dix pieds a donc eu simplement pour but d'établir les poids relatifs des feuilles, des tiges et des racines au moment de la récolte et, par conséquent, d'en déterminer le poids à l'hectare.

Pour les racines et les tiges, les poids n'ont pas une valeur absolue, parce qu'il est assez difficile de délimiter exactement ce qui appartient à l'un ou à l'autre de ces organes; mais il n'y a de ce fait aucune cause d'erreur.

Cependant, pour les racines, quoique arrachées profondément, les chiffres sont évidemment un peu au-dessous de la vérité, parce qu'on ne pouvait avoir la prétention d'obtenir tout le chevelu qui, comme nous le verrons par la suite, se ramifie beaucoup dans le sol; mais la perte des parties les plus ténues n'affecte pour ainsi dire pas le résultat général.

Pour être tout à fait exact, il convient d'ajouter au total d'exportation exprimé d'après lonnées les principes fertilisants empruntés au sol par les pieds dits de mauvaise e, détruits au second inventaire. Par contre, il y a lieu de déduire les quantités rincipes fertilisants apportés par les jeunes plants inventoriés qui, ayant poussé épinière, n'ont rien enlevé au sol de la plantation. Nous verrons que ces deux cor-ons n'ont qu'une importance très minime et auraient pu, sans inconvénient, être igées.

ANALYSE DES ÉCHANTILLONS.

nous reste maintenant à donner quelques indications sur la préparation des ntillons et sur leur analyse.

a totalité des prélèvements faits par nos collaborateurs sur les pieds en expérience expédiée au laboratoire le jour même, par grande vitesse. L'échantillon, à son rée, était soigneusement nettoyé pour le débarrasser de la terre qui, parfois, y adhérente, et pesé; après l'avoir divisé et rendu homogène, on en séchait un s déterminé, qu'on réduisait en poudre fine pour l'analyse.

endant la dessiccation, la matière humide s'agglutine et on pouvait craindre une entation accompagnée de pertes d'azote. Nous avons vérifié, par des expériences, ces craintes n'étaient pas fondées; par exemple, dans un tabac frais, le dosage ct de l'azote a donné o.439 p. 100 et, dans le même échantillon après dessiccation tuve, o.436. A la condition de porter l'échantillon immédiatement à la tempéra-de 100 degrés, on est sûr qu'aucune fermentation ne se produit.

ur l'échantillon sec, on procédait à l'analyse.

our l'azote, M. Schlœsing (Dictionnaire de Wurtz) recommande de le doser non la chaux sodée, mais par la méthode à l'oxyde de cuivre. En effet, la méthode à la ıx sodée, pas plus que la méthode Kjeldahl, ne conduisent à des résultats exacts; te des nitrates, toujours présents dans les différents organes du tabac, apporte dans osage une perturbation bien connue et, de plus, nous avons observé avec d'autres l'azote de la nicotine n'est pas intégralement dégagé à l'état d'ammoniaque. En quant la matière privée de nitrate, par l'acide sulfurique et le mercure pendant ron une heure, comme on le fait généralement, on commet une erreur impor-e, car on n'a qu'une fraction de l'azote et les résultats du dosage sont d'autant plus és qu'on prolonge l'attaque plus longtemps. Ce fait n'est pas, du reste, particulier abac, et nous avons eu l'occasion de l'observer sur plusieurs autres produits.

)es essais répétés nous ont montré qu'en ajoutant à l'acide sulfurique 10 grammes sulfate de potasse, sans supprimer le mercure, on peut, après une ébullition de eures, obtenir des résultats constants. Les quelques chiffres suivants mettent ces ; en évidence; ils se rapportent à 100 de la matière sèche privée de nitrate :

	TEMPS D'ÉBULLITION.	FEUILLES.	TIGES.	ÉBOURGEONNAGE.	REGAIN.	FEUILLES.
Dosage de l'azote par le procédé Kjeddahl ordinaire.	1 heure	2.84	2.90	4.87	1.92	2.44
	2	2.97	//	//	1.98	//
	3	3.06	3.00	5.03	2.02	2.60
	10	3.31	3.01	5.19	2.08	2.81
	24	3.35	3.04	5.20	//	2.89
Dosage de l'azote par le procédé Kjeldahl modifié.	4	3.42	3.21	5.27	//	3.00
	10	3.41	3.22	5.26	2.19	3.01

Comme nous ne pouvions songer, en présence d'un nombre aussi considérable d'échantillons, au dosage direct de l'azote par l'oxyde de cuivre, dans le vide, nous avons cherché un procédé plus pratique et conduisant aux mêmes résultats.

Ce procédé consiste à effectuer d'abord, sur un échantillon, le dosage de l'azote nitrique, puis celui de l'azote à l'état d'ammoniaque, sur un deuxième échantillon, après destruction des nitrates, par le procédé Kjeldahl, modifié comme nous venons de l'expliquer. En ajoutant à l'azote ainsi dosé l'azote des nitrates, on obtient un résultat très voisin de celui que donne le procédé à l'oxyde de cuivre.

En voici quelques exemples :

	FEUILLES.	TIGES.
Azote nitrique	0.31	0.26
— organique dosé par le procédé Kjeldahl modifié	3.31	3.12
Total	3.62	3.38
Azote dosé par le procédé à l'oxyde de cuivre	3.69	3.42

Quant à l'analyse minérale, elle a été effectuée en calcinant à très basse température 10 grammes de matière sèche.

Les cendres étaient pesées. Nous n'attachons pas à ce dosage des cendres totales une valeur absolue et nous ne le donnons qu'à titre d'indication. Nous n'avons pas, en effet, cherché à obtenir des cendres tout à fait débarrassées de charbon; nous nous préoccupions surtout, dans cette incinération, de ne point perdre, par une température trop élevée, les sels potassiques.

Dans les cendres ainsi préparées, on dosait, après séparation de la silice et plusieurs reprises acides : la chaux à l'état d'oxalate de chaux; la potasse à l'état de perchlorate, en séparant la magnésie par l'acide oxalique; l'acide phosphorique à l'état de phospho-molybdate d'ammoniaque. Mais, pour ce dernier dosage, nous avons vérifié, au préalable, si, pendant l'incinération de la matière, il n'y avait pas de pertes de phosphore.

Pour éviter la réduction éventuelle des phosphates acides, il suffit de calciner en présence de chaux, intimement incorporée à la matière. Nous avons opéré comparativement les dosages de l'acide phosphorique sur les différents produits de la culture (épamprements, écimages, ébourgeonnages, etc.), incinérés avec et sans chaux. Nous nous bornerons à dire que dans quinze analyses ainsi effectuées comparativement, la concordance a été absolue pour douze échantillons; les trois autres présentaient les écarts suivants :

	ACIDE PHOSPHORIQUE pour 100 de matière sèche.	
	SANS CHAUX.	AVEC CHAUX.
1er échantillon	1.29	1.31
2e échantillon	0.59	0.62
3e échantillon	0.95	1.02

Le dernier écart seul est appréciable; il s'applique à l'analyse des graines et capsules, qui, en effet, contiennent souvent des phosphates de potasse, susceptibles d'être réduits par le charbon, lors de l'incinération. Pour ces produits seulement, nous avons jugé prudent de faire la calcination en présence de chaux.

Mais on sait aussi que pendant la calcination, il peut y avoir pertes du phosphore mbiné à la matière organique et M. Berthelot a montré de quelle importance était :te déperdition dans certains produits végétaux. Il a institué une méthode qui met mplètement à l'abri de toute erreur possible; elle consiste à brûler, dans un cou- nt d'oxygène, la matière mélangée à un grand excès de carbonate de soude. Nous ons voulu essayer, sur un échantillon moyen, constitué par la réunion de nos rers produits, le procédé de M. Berthelot, comparativement au procédé ordinaire nous n'avons pas obtenu de résultats sensiblement différents (1.76 p. 100 au lieu 1.73 par le procédé ordinaire). Dans ces conditions, les dosages d'acide phospho- ue ont été faits sur les cendres, comme nous l'avons dit précédemment.

Ces généralités étant exposées, nous allons développer les résultats de nos expé- ences.

Dans une première partie, nous réunirons tous les documents relatifs à la statique la culture du tabac à fumer, du tabac à priser et du tabac porte-graines.

Dans une seconde partie, nous nous servirons de ces documents nombreux, ainsi e d'autres recherches particulières, pour faire les rapprochements et tirer les con- isions utiles.

Arrivés au terme d'un travail qui a exigé trois années de laborieuses recherches, 'il nous soit permis d'exprimer l'espoir d'avoir contribué, dans la limite modeste de s moyens, à la connaissance plus approfondie d'une culture aussi importante qu'in- éressante et peut-être à son amélioration. De ce résultat, une grande part doit reve- r aux collaborateurs si dévoués qui ont bien voulu nous prêter leur concours et à ppui si précieux que ne nous a jamais refusé l'Administration des Manufactures de Etat.

PREMIÈRE PARTIE.

STATIQUE DE LA CULTURE DU TABAC.

Le tabac est cultivé en France dans 25 départements. Voici, pour chacun d'eux, les données relatives à cette culture; elles nous ont été obligeamment communiquées par l'Administration des tabacs. Elles se rapportent à l'année 1896, qui est l'une de celles représentant le mieux la moyenne de ces dernières années.

DÉPARTEMENTS.	NOMBRE de planteurs.	NOMBRE de pièces.	CONSISTANCE des plantations.	NOMBRE de feuilles par plant.	NOMBRE de feuilles au kilog.	PRIX moyen par 100 kil.	PRODUIT MOYEN PAR HECTARE en poids.	PRODUIT MOYEN PAR HECTARE en argent.
			hect. a.			fr. c.	kilogr.	francs.
TABAC À FUMER.								
RÉGION DU NORD.								
Pas-de-Calais	3,035	4,960	995 34	7.89	156	90,21	2,126	1,914
RÉGION DU NORD-EST.								
Meuse	26	39	2 07	9.55	139	96,99	2,668	2,565
Meurthe-et-Moselle	1,491	2,897	262 30	9.35	131	85,80	2,619	2,262
Vosges	180	357	24 45	9.68	128	83,43	2,926	2,434
RÉGION DU CENTRE.								
Puy-de-Dôme	47	68	6 60	8.28	165	87,07	1,546	1,346
Corrèze	374	465	50 12	6.98	168	82,36	1,442	1,184
RÉGION DE L'EST.								
Côte-d'Or	482	563	67 97	8.18	132	78,70	2,250	1,762
Haute-Saône	3,171	5,800	511 00	7.96	126	89,34	2,084	1,847
Ain	203	248	29 43	7.85	123	84,00	2,055	1,718
Savoie	3,238	5,204	676 09	7.05	132	85,38	1,655	1,403
Haute-Savoie	1,406	2,101	372 45	7.44	122	81,18	2,110	1,674
Isère	9,718	13,319	1,829 00	7.56	125	86,54	2,075	1,787
RÉGION DU SUD-OUEST.								
Dordogne	10,373	21,930	3,266 00	7.07	176	83,06	1,255	1,037
Gironde	3,554	10,363	1,407 00	7.83	139	90,14	1,542	1,379
Lot-et-Garonne	2,538	6,875	1,058 37	8.29	123	90,27	1,750	1,576
Landes	232	271	44 63	8.22	158	92,92	1,726	1,597
Hautes-Pyrénées	410	570	82 63	8.37	179	91,42	1,623	1,475
RÉGION DU SUD-EST.								
Drôme	850	1,005	134 72	8.59	130	83,26	2,295	1,902
Vaucluse	385	500	66 12	9.95	133	85,57	2,092	1,774
Var	18	67	7 62	9.51	128	73,07	1,507	1,093
Alpes-Maritimes	238	455	37 07	9.10	111	80,98	2,145	1,728
Bouches-du-Rhône	9	9	1 29	10.14	115	50,88	2,510	1,275

DÉPARTEMENTS.	NOMBRE		CONSISTANCE	NOMBRE		PRIX MOYEN	PRODUIT MOYEN PAR HECTARE.	
	de planteurs.	de pièces.	des plantations.	de feuilles par plant.	de feuilles au kilogr.	par kilogr.	en poids.	en argent.
			hect. a.			fr. c.	kilogr.	kilogr.
TABAC À PRISER.								
RÉGION DU NORD.								
Nord	605	988	517 47	7.84	118	81,28	2,696	2,189
RÉGION DE L'OUEST.								
Ille-et-Vilaine	1,212	1,891	773 78	8.26	81	75,53	1,315	992
RÉGION DU SUD-OUEST.								
Lot-et-Garonne	3,550	11,019	2,354 55	9.04	109	96,93	863	832
Lot	9,272	13,839	2,079 20	7.48	73	100,55	1,046	1,043

Le tableau suivant résume, pour la récolte 1896, les résultats généraux de la culture :

Nombre d'hectares	dont la culture est autorisée	17,350
	réellement cultivés	16,657
Nombre de planteurs ayant cultivé		57,227

			Kilogrammes.	
Quantités de tabacs		demandées à la culture	24,551,500	
		réellement livrées	26,136,750	
Réfactions déduites des quantités livrées (excès d'eau)			143,763	(0.55 p. 100).
Tabacs rejetés à l'expertise et détruits			684,032	(2,61 p. 100).
Total des quantités susceptibles de payement			25,308,955	
Rendement en poids à l'hectare			1,519	
Classement des quantités susceptibles de payement.	Tabacs marchands	Surchoix	606,432	(2.39 p. 100).
		1re qualité	2,089,718	(8.26 p. 100).
		2e qualité	4,350,507	(17.19 p. 100).
		3e qualité	10,179,563	(40.22 p. 100).
	Tabacs non marchands	1re classe	4,609,095	(18.21 p. 100).
		2e classe	2,752,956	(10.88 p. 100).
		3e classe	720,684	(2.85 p. 100).

Valeur des quantités susceptibles de payement	22,258,143 francs.
Rendement en argent à l'hectare	1,336
Prix moyen par 100 kilogrammes	87 fr. 94 cent.

La culture du tabac est très inégalement répartie sur notre territoire; certaines régions ne le cultivent pas, celle du Nord-Ouest tout entière; dans d'autres, la culture est très limitée (Ouest, Centre, Sud et Sud-Est); les centres de production les plus importants sont dans les régions du Sud-Ouest, du Nord et de l'Est. Certaines considérations, d'ordre fiscal principalement, président à ces groupements; c'est ainsi, par exemple, que, pour faciliter la surveillance et diminuer la contrebande, l'Administration des tabacs cherche à grouper les départements producteurs, au lieu de les éparpiller. Puis, par des expertises exécutées chaque année, elle a su déterminer dans chaque région quels sont les départements, dans chaque département quelles sont les communes, et dans chaque commune quels sont les agriculteurs, qui fournissent les meilleurs tabacs. On évite aussi de faire planter dans les contrées à altitude trop forte, dans celles trop exposées aux vents, à la grêle ou aux inondations.

La culture du tabac fournit deux catégories de produits : ceux que l'on destine à la fabrication des diverses sortes de tabac à fumer; ceux que l'on destine à la fabrication de la poudre à priser et des rôles à mâcher.

Jusqu'à la fin du siècle dernier, c'est surtout le tabac à priser qu'on cultivait; le tabac à fumer n'entrait pas pour plus de 8 à 9 p. 100 dans le total de la vente. Aujourd'hui, la proportion est complètement renversée, comme l'indiquent les chiffres suivants, relatifs aux ventes de tabacs fabriqués en 1897 :

DÉSIGNATION.	VENTE DE TABACS FABRIQUÉS.		TAUX POUR 100.	
	QUANTITÉS.	PRODUIT.	QUANTITÉS.	PRODUIT.
	kilogrammes.	francs.		
Tabacs à fumer (cigares, cigarettes, scaferlatis)	31,305,158	325,704,110	83,73	82,40
Tabacs à priser (poudre, rôles, carottes).	6,083,321	69,540,171	16,27	17,60
TOTAL des ventes de tabacs fabriqués.	37,388,479	395,244,281	100.00	100,00

Ces chiffres montrent l'importance qu'a prise le tabac à fumer, dont la proportion des ventes a décuplé.

Nous allons étudier ces deux catégories, en commençant par la plus importante, le tabac à fumer.

I. — TABAC À FUMER.

Le tabac à fumer doit réunir des conditions de finesse, d'arome, de légèreté, d'élasticité, de faible teneur en nicotine et de combustibilité, qu'a permis d'obtenir l'étude minutieuse des variétés et des procédés culturaux. Ces recherches, complétées par une grande expérience des agents de l'Administration dans le choix des terres les plus aptes à la production des tabacs fins et combustibles, ont porté leurs fruits et ont conduit à l'obtention de tabacs qui jouissent d'une réputation bien légitime.

Les feuilles du tabac à fumer servent à la fabrication de trois produits distincts : les cigares, les cigarettes et les scaferlatis.

.es chiffres suivants résument, pour 1897, les proportions relatives de la vente de diverses sortes de tabacs à fumer[1] :

	VENTE DE TABACS FABRIQUÉS.		TAUX P. 100.	
	QUANTITÉS en kilogrammes.	PRODUIT en francs.	QUANTITÉS.	PRODUIT.
igares de la Havane, de Manille et de France	3,081,210	56,802,838	8,24	14,37
igarettes de toutes espèces	1,472,345	38,852,680	3,94	9,83
caferlatis de toutes espèces	26,751,603	230,048,592	71,55	58,20

Si l'on rapproche le chiffre de la production du tabac à fumer en France, qui a été 1897 de 19,091,432 kilogrammes, de celui exprimant le total des ventes de acs à fumer, soit 31,305,158 kilogrammes, nous voyons qu'il y a un déficit de s de 12 millions de kilogrammes. Ce déficit est comblé par les achats à l'étranger, ont atteint, en 1897, un poids de 13,193,087 kilogrammes et une valeur de 388,913 francs[2].

On s'est ému de ce tribut payé à l'étranger, qui représente 50 p. 100 de la valeur achats totaux, alors que la loi de 1835 édicte «que la culture du tabac sera répartie uellement par le Ministre des finances dans les départements où elle est auto-e, de manière à assurer au plus les quatre cinquièmes des approvisionnements manufactures aux tabacs indigènes». Si tout le tabac importé était produit en nce, il faudrait environ 8,000 hectares de plus et l'on voit quel essor serait donné

[1] Le tableau suivant indique, en outre, la progression des ventes de ces différentes sortes de tabac de-1861 :

	CIGARES. TAUX P. 100.		CIGARETTES. TAUX P. 100.		SCAFERLATIS. TAUX P. 100.	
	Quantité.	Produit.	Quantité.	Produit.	Quantité.	Produit.
1861	11.07	19.78	0.03	0.08	59.62	47.94
1867	10.47	19.92	0.03	0.11	60.36	49.38
1877	10.61	16.63	1.95	3.18	62.09	51.84
1887	9.87	16.62	2.33	4.74	66.97	55.50
1897	8.24	14.37	3.94	9.83	71.55	58.20

[2] Les tabacs en feuilles achetés à l'étranger proviennent de Kentucky, de Maryland, de Virginie, du sil, du Mexique, de l'Ukraine, de Sumatra, de Java et de Samsoun.

Voici quelques chiffres moyens des prix des tabacs exotiques livrés en 1897 :

	PRIX MOYEN par 100 kilogr.
Tabacs en feuilles	153 francs.
Tabacs fabriqués :	
Cigares	5,685
Cigarettes	1,226
Scaferlatis	848
Moyenne des tabacs fabriqués	2,710

à la culture. Mais il ne faut pas oublier que l'intérêt des consommateurs, plus nombreux, en somme, que les producteurs, est aussi en jeu dans la question. Si les Manufactures de l'État s'adressent à l'étranger, c'est évidemment qu'elles y sont obligées pour répondre au goût du public, qu'on ne peut avoir la prétention de diriger dans tel ou tel sens.

D'abord, elles vendent des tabacs de luxe fabriqués à l'étranger, sous forme de cigares, de cigarettes et de paquets, correspondant à des marques déterminées, que nos tabacs français ne pourraient remplacer, sans qu'il y ait pour ainsi dire tromperie sur la qualité de la marchandise vendue. Le chiffre de vente de ces tabacs de luxe s'est élevé, en 1897, à 193,566 kilogrammes représentant 9,835,237 francs et le Trésor tire de cette fabrication de gros bénéfices.

Puis, pour donner à nos tabacs indigènes une qualité supérieure et homogène, on est conduit à faire des sortes de coupages ou mélanges avec les tabacs exotiques, qu'un climat plus favorable a pourvus d'un parfum et d'un arome plus développés. On pourrait craindre que le tabac à fumer dit «caporal» soit moins apprécié et, par conséquent, moins acheté, si l'on cessait d'y introduire des feuilles de Kentucky ou de Maryland, ou si l'on diminuait notablement la proportion de ces feuilles.

Mais il convient de dire que les proportions d'achat à l'étranger tendent à diminuer sensiblement dans ces dernières années [1], et nous ne doutons pas que le corps d'élite des ingénieurs des Tabacs, qui a à son actif de si admirables travaux, ne parvienne peu à peu à faire à notre culture nationale une part plus large encore. Les efforts, il nous semble, doivent tendre surtout vers l'adaptation à nos climats et à nos sols, qui offrent une si grande diversité dans notre pays, de variétés ou d'hybrides susceptibles de donner des produits supérieurs. Ces variétés, peut-être, seront plus débiles, plus délicates à cultiver et donneront des rendements moindres. Mais les agriculteurs n'en seront pas moins tout disposés à les adopter, pourvu que l'Administration, de son côté, les dédommage de leurs sacrifices, en prélevant, sur ses gros bénéfices, de quoi leur payer des prix suffisamment rémunérateurs.

Si l'on considère le tableau de la page 12, on voit que les conditions de la culture du tabac à fumer varient sensiblement d'un département à l'autre. Le nombre de pieds plantés à l'hectare varie de 30,000 à 40,000 ; le nombre des feuilles par plante, de 7 à 10 ; le nombre de feuilles au kilogramme, de 110 à 170.

Les rendements surtout diffèrent notablement : dans certains départements, le produit moyen en poids par hectare a varié, en 1896, de 1,255 kilogrammes à 2,926 kilogrammes et le produit moyen en argent par hectare, de 1,037 francs à 2,565 francs. Le prix moyen par 100 kilogrammes est lui-même assez variable, il a oscillé de 73 fr. 07 à 96 fr. 99.

[1] C'est ce que font ressortir les chiffres suivants, représentant le total général des achats de tabacs exotiques (tabacs en feuilles et tabacs fabriqués) :

1894	21,512,795 kilogr.
1895	16,208,097
1896	14,197,596
1897	13,193,087

y avait donc lieu de ne pas restreindre nos recherches à une seule région, mais s étendre, afin de pouvoir en généraliser les résultats.

ns ce but, nous avons institué nos expériences dans 8 départements produisant ac à fumer, choisis parmi ceux où la culture est la plus développée et qui, en temps, représentent les régions les plus variées.

us allons exposer successivement les résultats obtenus pour chacun d'eux.

I. — RÉGION DU NORD.

DÉPARTEMENT DU PAS-DE-CALAIS.

département du Pas-de Calais cultive le tabac sur une surface de 1,020 hectares on, répartis dans 230 communes, dont 39 de l'arrondissement de Béthune, 69 lui de Montreuil, 18 de celui de Saint-Omer et 104 de celui de Saint Pol. Ce tement vient au 6e rang pour l'importance de ses plantations.

ici, pour les huit dernières années, les documents relatifs à la répartition et à l'état tte culture dans ce département; ils nous ont été obligeamment communiqués IM. Halouchery et Coulanges, directeurs des Manufactures à Béthune.

ÉES.	ARRONDISSEMENTS.	NOMBRE de PLANTEURS.	NOMBRE de PIÈCES.	CONSISTANCE des PLANTATIONS.	NOMBRE DE PIEDS PAR HECTARE plantés.	NOMBRE DE PIEDS PAR HECTARE restant en charge.	NOMBRE DE PIEDS PAR HECTARE manquants ou détruits.	NOMBRE de FEUILLES par plant.	NOMBRE de FEUILLES au kilogr.	PRIX MOYEN par 100 kilogr.	PRODUIT MOYEN PAR HECTARE en POIDS.	PRODUIT MOYEN PAR HECTARE en ARGENT.
				h. a. c.						fr. c.	kil.	fr.
....	....	3,391	4,610	880 30 »	46,101	42,605	3,496	8.22	158	89,00	2,150	1,911
....	....	3,400	4,551	888 72 »	46,227	42,480	3,747	8.18	155	93,79	2,173	2,030
....	....	3,475	4,673	926 51 »	46,316	42,499	3,817	8.06	142	93,48	2,339	2,183
....	....	3,608	4,899	987 47 »	46,236	42,543	3,693	7.91	148	82,46	2,212	1,820
....	....	3,571	4,845	963 22 »	46,091	42,904	3,187	7.90	140	90,06	2,355	2,117
....	....	3,635	4,960	995 34 »	46,224	43,440	2,784	7.89	156	90,21	2,126	1,914
....	....	3,730	5,054	1,032 63 »	46,434	44,604	1,830	7.89	145	91,06	2,352	2,139
8......	Béthune......	634	1,154	321 28 »	48,337	46,478	1,860	8.51	157	87,96	2,442	2,141
	Montreuil.....	1,050	1,395	245 43 »	44,920	41,757	3,160	7.70	182	94,50	1,711	1,612
	Saint-Omer...	272	389	51 46 »	45,336	42,179	3,180	7.23	156	94,52	1,902	1,798
	Saint-Pol.....	1,762	2,173	399 24 »	46,109	42,019	3,660	7.41	168	96,95	1,798	1,740
TAUX ET MOYENNES pour 1898.		3,718	5,111	1,017 43 »	46,319	43,371	2,940	7.84	166	92,84	1,980	1,839

Chaque planteur cultive donc 27 ares 30 centiares et les pièces ont en moyenne 19 ares 90 centiares. Ces chiffres montrent que la culture est concentrée surtout entre les mains des petits cultivateurs.

Dans l'arrondissement de Béthune et dans celui de Saint-Omer, les sols où se cultive le tabac sont formés par les alluvions modernes, qui sont argileuses ou argilo-sableuses; dans certains cantons dominent les limons des vallées.

Dans l'arrondissement de Montreuil, la culture se fait principalement sur les alluvions modernes, qui remplissent le fond des vallées et aussi sur le limon des plateaux, qui couvre les parties les plus élevées.

Enfin, dans celui de Saint-Pol, le tabac est cultivé sur le limon des plateaux, argilo-sableux, qui repose sur l'argile à silex.

L'Administration des tabacs a bien voulu nous adresser des échantillons de chacun des principaux types de terres où le tabac est cultivé. Voici les résultats auxquels a conduit leur examen :

DÉSIGNATION.	POUR 1,000 DE TERRE FINE SÈCHE [1].			
	AZOTE.	ACIDE PHOSPHORIQUE.	POTASSE.	CARBONATE de chaux.
ARRONDISSEMENT DE BÉTHUNE.				
La Couture, M. Guillemon	1.505	1.260	2.465	15.3
Locon, M. Leclercq	1.261	1.301	1.632	12.0
Laventie, M. Havet	1.358	1.466	1.870	13.6
Lestrem, M. Cassel	1.403	1.124	1.904	14.4
Busnes, M. Ricouart	2.535	1.478	1.870	11.4
Ligny-les-Aire, M. Ansart	1.944	2.594	2.261	21.3
Attin, M. Pannier	2.188	4.485	2.346	48.4
Huby-Saint-Leu, M. Jeansonny	3.443	6.144	1.955	136.6
Plumoison, M. Bocquet	2.433	4.080	1.870	49.3
Airon-Notre-Dame, M. Petit	2.233	5.407	1.445	153.6
ARRONDISSEMENT DE SAINT-OMER.				
Aire-sur-la-Lys, M. Noyelle-Holquin	2.697	5.264	2.346	72.3
Eperlecques, M. Poupart	1.654	3.527	2.091	55.4
Houlle, M. Lafoscade	1.348	1.872	1.746	60.0
Tilques, M. Anocques	1.740	2.964	1.821	20.3
ARRONDISSEMENT DE SAINT-POL.				
Le Parcq, M. Boitel	1.429	1.786	1.564	13.8
Vieil-Hesdin, M. Cañet	2.536	6.343	2.388	111.4
Flers, M. Bétincourt	1.699	2.587	1.564	33.6
Humières, M. Polart	2.323	5.253	2.584	43.8

[1] Ces échantillons ne contenaient pas des proportions appréciables de cailloux.

n observe dans toutes ces terres une très grande richesse en azote et en acide phorique, dépassant sensiblement 1 p. 1,000 et atteignant 3 p. 1,000 pour l'azote squ'à 6 p. 1,000 pour l'acide phosphorique. La potasse est également en propor- élevée; quant à la chaux, la teneur de ces terres en cet élément est très variable; ques échantillons n'en renferment que 1 à 2 p. 100, dans d'autres, la chaux nt 15 p. 100.

ı variété cultivée est le «Dragon vert»; le produit est destiné à la fabrication du ; à fumer.

e tabac se cultive, dans la plus grande partie du département du Pas de-Calais, e façon continue sur le même sol, sans interruption aucune.

es fumures sont extrêmement abondantes; elles s'élèvent, en moyenne, à 40,000 rammes de fumier; on ajoute, en outre, 2,000 à 3,000 kilogrammes de tourteau par are. Mais il n'est pas rare de voir ces fumures atteindre 80,000 kilogrammes pour mier et jusqu'à 7,000 kilogrammes pour le tourteau. Ce qui caractérise, du reste, ilture du nord de la France, quelle que soit la récolte envisagée, c'est l'abon- e des fumures, en vue d'obtenir toujours les rendements les plus élevés.

outes les opérations culturales sont faites avec le plus grand soin, et n'offrent rien articulier que nous ayons à signaler. Les feuilles récoltées sont séchées à l'air ; l'Administration ne tolère aucune repousse; aussitôt après la récolte, on enlève iges et les souches, qui sont laissées sur le sol et enfouies par un labour.

RÉSULTATS DES EXPÉRIENCES.

'est chez M. Noyelle-Holquin, excellent cultivateur de la commune d'Aire-sur- ys, dont nous déplorons la mort prématurée, que nous avions établi nos essais, le concours de M. Touchard, ingénieur agronome, professeur d'agriculture, et IM. Grateloup, contrôleur principal, Sauvageot, vérificateur, et Pain, commis de ure, à Aire.

e sol de la plantation, de nature argilo-siliceuse, a la composition suivante, pour o de terre fine sèche :

Azote	2.697
Acide phosphorique	5.264
Potasse	2.346
Carbonate de chaux	72.300

l est, comme on le voit, d'une richesse tout à fait exceptionnelle; c'est un vrai 'eau.

Nous réunissons ci-dessous les documents relatifs à la plantation de M. Noyelle- quin.

Surface plantée		37 ares 83	
Nombre de pieds	primitivement plantés	17,812, soit	47,084 par hectare.
	manquants	530	1,401
	détruits	73	192
	restant en charge	17,209	45,491

Le tableau suivant donne la série des diverses opérations : nettoiement, épamprement, écimage, ébourgeonnages, etc., les dates auxquelles elles ont été effectuées, les poids secs des produits enlevés sur les 100 pieds en expérience, et ces poids rapportés à l'hectare.

DÉSIGNATION.		DATES des OPÉRATIONS.	POIDS SECS pour les 100 pieds en expérience.	POIDS SECS pour les 45.491 pieds à l'hectare.
			grammes.	kilogr.
Feuilles	de nettoiement	24 juin	91 5	41 6
	d'épamprement	13 juillet	640 0	291 1
Bourgeons	d'écimage	13 juillet	49 0	22 3
	du 1er ébourgeonnage	24 juillet	430 0	195 6
	du 2e ébourgeonnage	18 août	520 0	236 5
Tiges à la récolte		25 août	935 1	425 4
Racines à la récolte		25 août	1,791 5	815 0
		QUANTITÉS LIVRÉES.	QUANTITÉS PAR HECTARE À LA LIVRAISON.	QUANTITÉS PAR HECTARE À L'ÉTAT SEC.
Feuilles à la livraison :		kilogr.	kilogr.	kilogr.
Tabacs marchands	Surchoix	77	203 5	152 6
	1re qualité	196	518 1	388 6
	2e qualité	181	478 4	358 8
	3e qualité	299	790 4	592 8
Tabacs non marchands	1re classe	139	367 4	275 5
	2e classe	42	111 0	83 2
	3e classe	7	18 5	13 9
Total des feuilles		941	2,487 3	1,865 4

Voici la composition centésimale de la matière sèche, pour chacun des produits énumérés :

DÉSIGNATION.		CENDRES.	AZOTE.	ACIDE PHOSPHORIQUE.	POTASSE.	CHAUX.
		COMPOSITION CENTÉSIMALE DE LA MATIÈRE SÈCHE.				
Jeunes plants		30.57	5.07	1.15	9.21	3.30
Feuilles	de nettoiement	29.10	3.09	0.58	6.30	7.22
	d'épamprement	29.81	3.28	0.61	6.63	6.92
Bourgeons	d'écimage	16.43	5.52	1.47	4.30	1.95
	du 1er ébourgeonnage	15.74	5.27	1.52	5.76	1.57
	du 2e ébourgeonnage	17.55	5.14	1.49	6.49	1.62
Pieds de mauvaise venue		21.77	3.60	0.77	4.29	4.34
Tiges		17.26	3.47	0.98	5.29	3.05
Racines		17.23	2.64	0.67	2.37	2.44
Feuilles mûres :						
Tabacs marchands	Surchoix, 1re qualité	24.15	3.41	0.84	6.10	7.39
	2e qualité	26.00	3.50	0.81	7.15	7.50
	3e qualité	26.50	3.37	0.80	5.58	8.37
Tabacs non marchands	1re classe	25.82	2.83	0.91	5.25	8.85
	2e classe	27.15	2.76	0.88	4.37	9.66
	3e classe	28.65	2.89	0.89	5.86	9.24

Avec ces données, nous pouvons dresser le tableau des matières fertilisantes emprun-
s à 1 hectare de sol par les 45,491 pieds pris en charge, qui ont réellement
upé le terrain pendant la période culturale, en tenant compte, comme nous l'avons
liqué, des 192 pieds détruits au deuxième inventaire, pesant 4 kil. 3, et des
683 jeunes plants poussés en pépinière, pesant 10 kilogrammes :

DÉSIGNATION.	MATIÈRES FERTILISANTES EMPRUNTÉES AU SOL PAR HECTARE.			
	AZOTE.	ACIDE PHOSPHORIQUE.	POTASSE.	CHAUX.
	kilogr.	kilogr.	kilogr.	kilogr.
euilles... de nettoiement	1 285	0 241	2 621	3 003
euilles... d'épamprement	9 548	1 776	19 300	20 144
ourgeons.. d'écimage	1 231	0 328	0 959	0 437
ourgeons.. du 1er ébourgeonnage	10 308	2 973	11 266	3 071
ourgeons.. du 2e ébourgeonnage	12 156	3 524	15 349	3 831
ieds de mauvaise venue	0 155	0 033	0 184	0 187
iges	14 761	4 169	22 504	12 975
acines	21 516	5 460	19 315	19 886
euilles... Surchoix, 1re qualité	18 455	4 546	33 013	39 995
euilles... 2e qualité	12 558	2 906	25 654	26 910
euilles... 3e qualité	19 977	4 742	33 078	49 617
euilles... 1re classe	7 797	2 507	14 464	24 382
euilles... 2e classe	2 296	0 732	3 636	8 037
euilles... 3e classe	0 402	0 124	0 814	1 284
OTAL	132 445	34 061	202 157	213 759
DÉDUIRE, jeunes plants	0 507	0 115	0 921	0 330
ATIÈRES FERTILISANTES empruntées au sol par hectare	131 938	33 946	201 236	213 429

Nous réservons toutes les conclusions relatives à ces chiffres pour la seconde partie
ce travail, lorsque nous aurons successivement passé en revue chacun des départe-
nts. Il convient d'ajouter, cependant, que seules les feuilles quittent le domaine,
dis que tous les autres produits de la culture (feuilles d'épamprement, ébourgeon-
es, racines, etc.) restent sur le sol, constituant une véritable fumure verte que nous
dierons plus tard; les tiges restent également dans le domaine pour y être utilisées.
Ce sont donc seuls les chiffres se rapportant aux feuilles, qui représentent l'expor-
on proprement dite, soit :

	kilogr.
Azote	61 5
Acide phosphorique	15 6
Potasse	110 7
Chaux	150 2

Nous devons nous demander, en raison de l'influence qu'ont les circonstances météorologiques sur la végétation du tabac, si les résultats que nous avons consignés précédemment, se rapportant à l'année 1896, ne se présentent pas comme une exception. Nous avons, à cet effet, réuni dans le tableau ci-dessous les rendements obtenus par M. Noyelle-Holquin, pendant les huit dernières années :

ANNÉES.	SURFACE PLANTÉE.	NOMBRE DE PIEDS				NOMBRE		PRIX MOYEN des 100 kilogrammes.	PRODUIT PAR HECTARE	
		PLANTÉS.	MANQUANTS au 1er inventaire.	DÉTRUITS au 2e inventaire.	RESTANT en charge.	de FEUILLES par p'ant.	de FEUILLES au kilogramme		en POIDS.	en ARGENT.
	a. c.							fr. c.	kilogr.	francs.
1891	33 92	15,544	28	184	15.332	7.84	110	118 75	3,198	3,798
1892	26 67	11,900	20	275	11,605	6.57	114	126 78	3,093	3,922
1893	29 35	12,977	174	258	12,545	6.85	105	114 13	2,770	3,161
1894	33 83	15,930	139	1,825	13,966	6.62	108	86 10	2,485	2,140
1895	31 83	14,582	75	341	14,166	6.82	98	115 17	2,997	3,451
1896	37 83	17,812	530	73	17,209	6.83	121	105 78	2,487	2,631
1897	39 35	18,030	100	131	17,799	6.67	111	104 00	2,589	2,693
1898	36 87	16,452	111	790	15,551	6.98	159	104 84	1,803	1,891

On voit, d'après ces résultats, que l'année 1896, malgré la sécheresse, ne s'éloigne pas sensiblement de la moyenne qui est, d'ailleurs, très élevée dans ce département.

Enfin, pour savoir dans quelle catégorie se place la culture de M. Noyelle-Holquin, par rapport à l'ensemble du département, jetons un coup d'œil sur le tableau de la page 17. Nous voyons que la culture de M. Noyelle-Holquin est une des mieux conduites, et que ses rendements en poids, et surtout en argent, dépassent la moyenne du département; cela tient aux soins, aux façons culturales, aux fumures et à la qualité des produits, classés presque tous en première catégorie.

Pour obtenir sa récolte de tabac, M. Noyelle-Holquin a employé, par hectare, 50,000 kilogrammes de fumier de vache bien décomposé, et, en outre, 2,000 kilogrammes de tourteau de cameline.

En 1896, il a ajouté exceptionnellement 800 kilogrammes d'engrais chimiques.

Cette fumure a apporté les quantités suivantes de principes fertilisants, par hectare :

	AZOTE		ACIDE PHOSPHORIQUE		POTASSE.	
	P. 100.	TOTAL.	P. 100.	TOTAL.	P. 100.	TOTAL.
		kilogr.		kilogr.		kilogr.
50,000 kilogrammes de fumier	0 55	275	0 4	200	0 6	300
2,000 kilogrammes de tourteau	5 00	100	1 8	36	1 4	28
800 kilogrammes d'engrais chimique	9 00	72	6 0	48	5 0	40
TOTAUX	....	447	....	284	....	368

i l'on compare à ces chiffres ceux précédemment établis relatifs à l'exportation, on ve aux résultats suivants :

	AZOTE.	ACIDE PHOSPHORIQUE.	POTASSE.
	kilogr.	kilogr.	kilogr.
Apporté par la fumure	447	284	368
Emprunté au sol	132	33	201

ous voyons qu'il y a une très grande abondance de fumures, qui non seulement ntiennent, mais augmentent chaque année la fertilité du sol, de manière à l'amener ı état de richesse exceptionnelle. Ces fortes fumures sont, comme nous l'avons dit, ısage dans le département du Pas-de-Calais, et ne sont pas particulières à la cul- : de notre collaborateur.

II. RÉGION DU NORD-EST.

DÉPARTEMENT DE MEURTHE-ET-MOSELLE.

e département de Meurthe-et-Moselle occupe le 12e rang pour l'étendue de ses ıtations; il cultive le tabac sur une surface de 260 hectares environ, répartis dans communes, dont 2 de l'arrondissement de Briey, 12 de l'arrondissement de éville, 76 de celui de Nancy et 27 de celui de Toul.

'est, avec quelques hectares dans la Meuse et les Vosges, le vestige qui nous reste ette culture autrefois si importante dans les départements de l'Alsace.

'oici, pour les huit dernières années, les documents relatifs à la culture du tabac s le département de Meurthe-et-Moselle, qu'a eu l'obligeance de nous commu- ıer M. Wunschendorff, directeur des Manufactures de l'État à Nancy.

NNÉES.	ARRON-DISSEMENTS.	NOMBRE de PLANTEURS.	NOMBRE de PIÈCES.	CONSISTANCE des PLANTATIONS.	NOMBRE DE PIEDS PAR HECTARE plantés.	restant en charge.	manquants ou détruits.	NOMBRE de FEUILLES par plant.	NOMBRE de FEUILLES au kilogr.	PRIX MOYEN par 100 kilogr.	PRODUIT MOYEN PAR HECTARE en POIDS.	en ARGENT.
				hect. a. c.						fr. c.	kilogr.	francs.
)1		1,335	2,580	215 80 "	40,464	38,755	1,709	9.43	140	86 17	2,569	2,204
)2		1,308	2,537	216 38 "	40,346	37,925	2,421	8.98	144	88 66	2,333	2,048
)3		1,351	2,594	224 20 "	40,567	38,717	1,850	9.44	133	87 97	2,669	2,338
)4		1,408	2,706	238 27 "	40,670	39,297	1,373	9.42	143	86 99	2,563	2,223
)5		1,474	2,826	252 92 "	40,723	38,984	1,739	9.27	127	84 77	2,780	2,346
)6		1,491	2,897	262 30 "	40,636	38,485	2,151	9.35	131	85 80	2,649	2,262
)7		1,500	2,942	262 46 "	40,517	38,555	1,966	9.22	131	86 68	2,659	2,325
)8	Briey	10	26	1 49 "	40,512	39,652	859	9.24	141	94 14	2,582	2,431
	Lunéville	43	93	14 52 "	38,876	36,428	2,447	9.83	136	81 61	2,550	2,070
	Nancy	1,300	2,637	226 22 "	40,763	36,740	4,022	8.98	139	81 57	2,006	1,631
	Toul	122	223	16 98 "	40,874	38,294	2,580	9.47	160	82 05	2,246	1,838
TAUX ET MOYENNES pour 1898.		1,475	2,979	259 23 "	40,663	36,841	3,821	9.06	140	81 70	2,056	1,674

La culture, comme on le voit, reste à peu près stationnaire. Elle est disséminée entre les mains d'un grand nombre de planteurs et sur un très grand nombre de pièces.

Chaque planteur cultive en moyenne 17 ares 57 et les pièces n'ont en moyenne que 8 ares 70.

Si l'on considère la constitution géologique du département de Meurthe-et-Moselle, et particulièrement l'arrondissement de Nancy, on voit que les terres où l'on cultive le tabac sont presque toutes situées dans les alluvions des vallées de la Meurthe, de la Moselle, du Madon, de l'Illon, de la Seille, etc., et sur le plateau de Haye.

Les terres d'alluvions de la vallée de la Meurthe sont légères et siliceuses; elles se rapprochent sensiblement de celles de Tomblaine, où est située l'école Mathieu de Dombasle, là où nous avons entrepris nos expériences. Les terres d'alluvions du bassin de la Seille se trouvent sur terrain calcaire à bancs argileux abondants; elles sont considérées comme les plus favorables à la culture du tabac.

Celles de la vallée de la Moselle et du Rupt de Mad sont des terres d'alluvions argilo-siliceuses, riches en humus; le sol est profond et très fertile, éminemment propre à la culture du tabac.

La vallée du Madon est constituée par des terres d'alluvions profondes, à sous-sol perméable; les produits obtenus sont combustibles et estimés.

Enfin, sur le plateau de Haye, les terres sont de nature argilo-calcaire; la culture du tabac se fait presque exclusivement dans les chenevières et les jardins.

Grâce à l'extrême obligeance de M. le Directeur des Tabacs, nous avons pu nous procurer des échantillons des sols représentant ces principaux types de terre, à savoir :

Pour la vallée de la Meurthe, à Moncel-les-Lunéville; pour le bassin de la Seille, à Rouves; pour la vallée de la Moselle, à Onville; pour la vallée du Madon, à Lemainville; pour le plateau de Haye, à Noviant-aux-Prés.

Voici les résultats de l'analyse de ces divers échantillons :

DÉSIGNATION.	POUR 1.000 DE TERRE FINE SÈCHE [1].			
	AZOTE.	ACIDE PHOSPHORIQUE.	POTASSE.	CARBONATE DE CHAUX.
Moncel-les-Lunéville, M. Suisse	1.167	1.090	2.040	4.2
Rouves, M. François	1.701	4.286	4.845	25.5
Onville, M. Bodart	2.007	3.583	2.898	126.2
Lemainville, M. Florentin	2.441	3.873	5.117	157.5
Noviant-aux-Prés, Mme veuve Savy	3.360	7.370	4.777	180.0

[1] Ces échantillons ne contenaient pas des proportions appréciables de cailloux.

Ces terres sont d'une richesse tout à fait exceptionnelle, que l'on rencontre rarement dans des terres de culture ordinaire.

Les tabacs cultivés dans le département de Meurthe-et-Moselle sont de la variété dite Paraguay et sont destinés à la fabrication des tabacs à fumer.

Nous avons dit précédemment que beaucoup de petits cultivateurs plantent en général le tabac dans des clos ou dans des chenevières ; on ne peut pas dire que ces mps soient soumis à un assolement régulier. Comme, dans beaucoup d'endroits, terres propres à la production du tabac sont assez rares, on y fait du tabac plusieurs ıées de suite, en fumant chaque année. Le tabac est cultivé généralement après nmes de terre, betteraves, légumes, qui laissent un sol propre et bien préparé. fume au fumier de ferme et on plante alors le tabac pendant 4 ou 5 ans et même antage; on fait ensuite des cultures variées pendant un certain temps.

Le sol est préparé par un labour suivi de hersages; souvent, quand il s'agit d'une ble surface, le labour se fait à la bèche. On rencontre certains planteurs, particulièrement des maraîchers, qui repiquent le tabac dans des pommes de terre précoces, quelles sont arrachées en juin-juillet; la production dans ce cas est sensiblement ninuée.

La fumure la plus employée est le fumier de ferme bien décomposé, qu'on applique ınt le labour de printemps, à raison de 30,000 kilogrammes à l'hectare. Quelques nteurs emploient en supplément des engrais chimiques, nitrate de soude et sulfate potasse, à la dose de 150 kilogrammes à l'hectare.

Il n'y a rien de particulier à dire sur la culture proprement dite. Quand le tabac mûr, on casse les feuilles au ras du tronc; on les enfile dans une ficelle, en les plat successivement dos à dos et face à face; on les fait sécher en espaçant les feuilles façon que les côtes ne se touchent pas, afin d'éviter la pourriture.

Le séchage s'opère dans des greniers, des granges, souvent dans des bergeries; on tend que dans ce dernier cas, l'ammoniaque donne aux feuilles une belle couleur ıne, mais la Régie n'apprécie pas ce séchage spécial.

Après la récolte, les souches sont arrachées, on les fait sécher pour les brûler dans fours pendant l'hiver; c'est un bon combustible.

Souvent, dans les campagnes éloignées, le tabac est cultivé en colonage. Le cultivateur rnit au colon un champ labouré et fumé et le plant nécessaire; le colon effectue s les travaux, écimage, épamprement, récolte, dessiccation, mise en manoques; cultivateur conduit avec ses attelages la récolte à l'entrepôt et en partage le prix c le colon par moitié.

RÉSULTATS DES EXPÉRIENCES.

Nous avons établi nos expériences à l'école Mathieu de Dombasle, à Tomblaine, c le concours de notre ami M. Thiry, ingénieur agronome, directeur de l'École.

Le sol de la plantation, appartenant à la formation des alluvions anciennes glaciaires, de nature argilo-siliceuse; la terre fine et sèche, dans la proportion de 860 p. 1000, a composition suivante, d'après une analyse faite par M. Colomb Pradel :

	PARTIE INFÉRIEURE DE LA PIÈCE.		PARTIE SUPÉRIEURE DE LA PIÈCE.	
	SOL.	SOUS-SOL.	SOL.	SOUS-SOL.
Azote	1.500	1.010	1.450	0.850
Acide phosphorique	1.485	0.819	1.021	0.425
Potasse	1.751	1.715	1.785	1.581
Chaux	4.000	0.500	5.740	1.736

La proportion notable d'acide phosphorique contenue dans le sol provient d'apports d'engrais, car la terre est naturellement pauvre en cet élément. Le sol est riche également en azote et en potasse, mais pauvre en chaux.

Voici les documents relatifs à la plantation de Tomblaine.

Surface plantée				8 ares 40
Nombre de pieds.	primitivement plantés	3,443	soit	40,985 par hectare.
	manquants	149		1.773
	détruits	2		24
	restant en charge	3,292		39,188

D'autre part, nous consignons dans le tableau suivant les diverses opérations faites sur la plantation (nettoiement, épamprement, écimage, ébourgeonnages, etc.), les dates auxquelles elles ont été effectuées, les poids secs des produits enlevés sur les 100 pieds en expérience et ces poids rapportés à l'hectare.

DÉSIGNATION.		DATES des OPÉRATIONS.	POIDS SECS. pour LES 100 PIEDS en expérience.	pour LES 39,188 PIEDS à l'hectare.
			grammes.	kilogr.
Feuilles	de nettoiement	3 juillet	158	61 9
	d'épamprement	*Idem*	208	81 5
Bourgeons	d'écimage	*Idem*	53	20 8
	du 1er ébourgeonnage	24 août	726	284 4
	du 2e ébourgeonnage			
Tiges à la récolte		29 août	4,015	1,573 5
Racines à la récolte		*Idem*	2,779	1,089 3
		QUANTITÉS LIVRÉES.	QUANTITÉS PAR HECTARE À LA LIVRAISON.	À L'ÉTAT SEC.
Feuilles à la livraison :		kilogr.	kilogr.	kilogr.
Tabacs marchands	2e qualité	98	1,166	851 2
	3e qualité	82	976	712 5
Tabacs non marchands.	1re classe	36	428	312 4
	2e classe	14	166	121 2
TOTAL des feuilles		230	2,736	1,997 3

composition de ces différents produits de la culture, considérés à l'état sec, est ite dans le tableau ci-après :

DÉSIGNATION.	COMPOSITION CENTÉSIMALE DE LA MATIÈRE SÈCHE.				
	CENDRES.	AZOTE.	ACIDE PHOSPHORIQUE.	POTASSE.	CHAUX.
nes plants	34.55	3.79	1.11	7.69	3.02
illes — de nettoiement	29.56	3.92	0.61	4.66	3.86
illes — d'épamprement	30.60	2.54	0.54	7.83	9.10
rgeons — d'écimage	20.30	6.55	2.50	5.75	1.34
rgeons — du 1er ébourgeonnage. du 2e ébourgeonnage.	14.75	5.35	1.53	6.11	1.26
es	11.63	2.97	0.72	5.52	0.87
ines	11.25	1.51	0.40	2.17	1.48
illes mûres :					
bacs marchands. — 2e qualité	23.00	3.60	0.71	9.34	4.26
bacs marchands. — 3e qualité	24.28	3.32	0.57	8.97	4.76
bacs non marchands. — 1re classe. 2e classe.	29.5	2.44	0.40	8.12	6.97

ous pouvons dresser, à l'aide de ces données, le tableau des matières fertilisantes runtées au sol par les 39,188 pieds pris en charge, en tenant compte des 12 jeunes plants poussés en pépinière et pesant 5 kilogr. 2.

DÉSIGNATION.	MATIÈRES FERTILISANTES EMPRUNTÉES AU SOL PAR HECTARE.			
	AZOTE.	ACIDE PHOSPHORIQUE.	POTASSE.	CHAUX.
	kilogr.	kilogr.	kilogr.	kilogr.
illes. — de nettoiement	2 426	0 377	2 884	2 389
illes. — d'épamprement	2 070	0 440	6 381	7 416
rgeons. — d'écimage	1 362	0 520	1 196	0 279
rgeons. — du 1er ébourgeonnage. du 2e ébourgeonnage.	15 215	4 351	17 377	3 583
es	46 733	11 329	86 857	13 689
cines	16 448	4 357	23 638	16 122
illes. — de 2e qualité	30 643	6 043	79 502	36 261
illes. — de 3e qualité	23 655	4 061	63 911	33 915
illes. — de 1re classe. de 2e classe.	10 580	1 734	35 208	30 222
TAL	149 132	33 212	316 954	143 876
DÉDUIRE, jeunes plants	0 197	0 058	0 400	0 157
TIÈRES FERTILISANTES empruntées au sol par hectare	148 935	33 154	316 554	143 719

'exportation proprement dite par les feuilles est la suivante :

Azote	65 kilogr.
Acide phosphorique	12
Potasse	179
Chaux	100

Examinons maintenant les résultats obtenus par notre collaborateur, pendant le huit dernières années :

ANNÉES.	SURFACE PLANTÉE.	NOMBRE DE PIEDS				NOMBRE		PRIX MOYEN des 100 kilogrammes.	PRODUIT PAR HECTARE	
		PLANTÉS.	MANQUANTS au 1er inventaire.	DÉTRUITS au 2e inventaire.	RESTANT en charge.	de FEUILLES par plant.	de FEUILLES au kilogramme		en POIDS.	en ARGENT.
	a. c.							fr. c.	kilogr.	francs.
1891	7 78	3,683	5	0	3,678	9.01	138	70 18	3,071	2,156
1892	4 94	1,927	0	0	1,927	6.80	113	81 37	2,348	1,910
1893	6 00	2,310	90	6	2,214	5 45 (grêle.)	90	69 20	2,200	1,522
1894	8 25	3,308	45	5	3,258	9.06	132	73 63	2,666	1,963
1895	6 46	2,810	92	10	2,708	7.69	98	74 66	3,421	2,411
1896	8 40	3,443	149	2	3,292	10.75	152	93 80	2,738	2,568
1897	10 61	4,077	70	18	3,989	9.89	152	66 34	2,412	1,600
1898	10 95	4,455	80	115	4,260	11.01	(1) //	(1) //	(1) //	(1) //

(1) Détruit à la suite de grêle.

Ce tableau montre que les résultats de l'année 1896 se rapprochent de la moyenn et ne diffèrent pas sensiblement de ceux obtenus par l'ensemble du département.

Enfin, si nous nous reportons au tableau de la page 23, nous voyons que la cul ture de notre collaborateur se rapproche beaucoup de la moyenne du départemen pour le produit moyen par hectare.

Pour obtenir sa récolte de tabac, M. Thiry a employé les fumures suivantes, pa hectare :

Fumier de ferme	30.000 kilogr.
Nitrate de potasse	1,200

Ces fumures apportent au sol les quantités suivantes d'éléments fertilisants, pa hectare :

DÉSIGNATION.	AZOTE		ACIDE PHOSPHORIQUE		POTASSE	
	P. 100.	TOTAL.	P. 100.	TOTAL.	P. 100.	TOTAL.
		kilogr.		kilogr.		kilogr.
30.000 kilogr. de fumier	0.76	228	0 49	147	0.65	195
1.200 kilogr. de nitrate de potasse.	12.75	153	//	//	42.80	513
TOTAUX	....	381	....	147	....	708

Si l'on met en présence de ces chiffres ceux de l'exportation précédemment établis, arrive aux résultats suivants :

	AZOTE.	ACIDE PHOSPHORIQUE.	POTASSE.
	kilogr.	kilogr.	kilogr.
Apporté par la fumure	381	147	708
Emprunté au sol	149	33	316

On voit que la fumure dépasse du double les exigences de la culture et qu'on aurait diminuer de beaucoup la dose de nitrate de potasse.

III. — RÉGION DE L'EST.

La région de l'Est comprend 4 départements grands producteurs de tabac : l'Isère, Savoie, la Haute-Saône et la Haute-Savoie.

DÉPARTEMENT DE LA HAUTE-SAÔNE.

Le département de la Haute-Saône cultive le tabac sur une surface de 528 hectares iron, dans 188 communes, dont 70 de l'arrondissement de Gray, 12 de celui de e et 106 de celui de Vesoul.

Ce département vient au dixième rang pour l'importance de ses plantations.

Les documents relatifs à cette culture dans le département sont consignés dans le leau suivant, d'après les renseignements qu'a bien voulu nous fournir M. Jehl, ecteur des Manufactures à Vesoul.

ANNÉES.	ARRONDISSEMENTS.	NOMBRE de PLANTEURS.	NOMBRE de PIÈCES.	CONSISTANCE des PLANTATIONS.	NOMBRE DE PIEDS PAR HECTARE plantés.	NOMBRE DE PIEDS PAR HECTARE restant en charge.	NOMBRE DE PIEDS PAR HECTARE manquants ou détruits.	NOMBRE de FEUILLES par plant.	NOMBRE de FEUILLES au kilogr.	PRIX MOYEN par 100 kilogr.	PRODUIT MOYEN PAR HECTARE en POIDS.	PRODUIT MOYEN PAR HECTARE en ARGENT.
				ha. a. c.						fr. c.	kilogr.	francs.
91		1,666	2,713	260 57 »	35,206	32,197	3,009	7.58	146	92 15	1,675	1,538
92		1,746	2,771	280 68 »	35,285	32,637	2,648	7.80	131	92 78	1,915	1,768
93		1,917	3,178	319 21 »	35,344	32,389	2,955	7.81	129	93 37	1,908	1,775
94		2,379	3,981	405 79 »	35,572	33,237	2,335	7.86	125	89 64	2,064	1,845
95		2,719	4,410	462 63 »	35,708	33,573	1,935	7.74	129	92 97	1,987	1,843
96		3,171	5,080	511 00 »	36,370	34.107	2,283	7.96	126	89 34	2,084	1,847
97		3,180	4,893	498 55 »	36,318	33,938	2,380	8.00	127	90 64	2.096	1,891
98	Gray	990	1,324	157 32 »	36,414	33,029	3,385	8.51	137	90 12	2,039	1,829
	Lure	160	236	22 34 »	36,309	32,835	3,474	8.27	137	92 90	1,959	1,809
	Vesoul	2,240	3,530	348 98 »	36,493	32,560	3,933	7.93	140	93 99	1,821	1,704
OTAUX ET MOYENNES pour 1898.		3 390	5,090	528 66 »	36,461	32,711	3,750	8.12	139	92 70	1,892	1,746

Comme on le voit, le nombre des planteurs augmente chaque année et la superficie va toujours s'étendant.

En huit ans, cette culture a doublé d'importance; il est permis d'en conclure que les agriculteurs, aussi bien que l'Administration, sont satisfaits des résultats obtenus.

La culture du tabac est pour ainsi dire éparpillée sur un très grand nombre de pièces; ainsi chaque planteur cultive en moyenne 15 ares 5, et chaque pièce contient 10 ares 3. Cette récolte est bien l'apanage de la petite culture dans le département.

Les terres où l'on cultive le tabac peuvent se classer en plusieurs groupes : les alluvions modernes, occupant le fond des vallées et représentant, en général, des sols silico-calcaires; les alluvions anciennes, qui suivent le cours de quelques vallées, et constituent des sols silico-argileux; le limon des plateaux, ordinairement argilo-sablonneux, se montrant à des niveaux différents où il recouvre diverses formations; enfin, on rencontre également des terres argilo-calcaires rouges ou blanches, plus ou moins légères ou compactes.

Il y a, comme on le voit, une très grande variété de terrains. L'Administration des tabacs a bien voulu nous adresser des échantillons de sols représentant la moyenne de ces diverses natures de terre; en voici la nomenclature et la composition :

DÉSIGNATION.	POUR 1,000 DE TERRE FINE SÈCHE[1].			
	AZOTE.	ACIDE PHOSPHORIQUE.	POTASSE.	CARBONATE de CHAUX.
ARRONDISSEMENT DE GRAY.				
Apremont, M. Maire	1.010	1.387	1.428	6.3
Chenevrey, M. Pariset	1.622	1.824	2.346	14.1
Rigny, M. Jussier	1.281	1.120	2.295	9.7
Velesmes, M. Mourlet	1.075	1.636	1.734	23.0
Montseugny, M. Convert	1.077	1.049	0.901	5.4
Germigney, M. Moussard	1.442	2.248	1.887	24.1
Fretigney, Mme veuve Plusey	0.990	0.827	1.615	9.1
Vadans, M. Grillon	1.197	0.677	1.020	5.6
Chargey-lès-Gray, M. Coin	0.943	0.902	1.615	36.2
Aubigney, M. Prévost	0.640	0.677	1.343	7.0
ARRONDISSEMENT DE LURE.				
Anjeux, M. Georges	1.214	1.038	1.326	4.6
Bouligney, M. Vatin	1.421	1.090	1.564	14.0
ARRONDISSEMENT DE VESOUL.				
Montbozon, M. Peney	1.194	1.282	0.833	7.0
Fontenois-lès-Montbozon, M. Gaillard	1.421	1.026	1.989	22.1
Magny-lès-Jussey. M. Doillon	1.427	1.730	2.958	70.1
Magny-lès-Jussey. M. Duragnon	0.714	0.940	2.669	4.5

[1] L'échantillon de Fretigney renfermait 28 p. 100 de cailloux; les autres n'en contenaient pas des proportions appréciables.

DÉSIGNATION.	POUR 1,000 DE TERRE FINE SÈCHE.			
	AZOTE.	ACIDE PHOSPHORIQUE.	POTASSE.	CARBONATE de CHAUX.
…osey, Mme veuve Messelet	1.512	1.305	1.377	14.0
…orey, M. Petitot	0.927	2.820	2.363	17.7
…randvelle, M. Henry	1.741	3.873	2.720	48.0
…Moncourt-lès-Ménétriers, M. Munier	1.447	1.316	1.513	21.2
…chenoncourt, M. Morel	0.720	0.948	1.445	8.3
…curey-en-Vaux, M. Baulay	1.661	1.493	4.492	147.0
…oidans-le-Ferroux, M. Tagaud	0.856	0.872	1.496	10.6
…ugicourt, M. Thierry	1.100	1.692	1.938	9.0
…ommadon, M. Camuset	1.154	1.865	1.326	7.5
…mance, M. Perrin	1.242	1.711	1.864	7.6

…On voit que dans ce département, où la culture du tabac est relativement récente, …iformité de richesse des sols n'est pas la règle, comme pour les départements que …s avons vus précédemment. A côté de terres très riches, on en trouve qui laissent …ésirer; le seul point commun qu'on puisse constater, c'est la pauvreté en calcaire …ne façon générale.

…a variété cultivée est le Paraguay; les produits sont destinés à la fabrication des …ares et scaferlatis.

…es petits cultivateurs font succéder le tabac à des cultures variées (pommes de …e, avoine, etc.) et le maintiennent sur le même sol pendant cinq ou six ans, …lquefois pendant huit ou dix années consécutives; ils attendent, pour changer la …ure, que l'orobanche ait envahi le sol.

…l n'y a rien à signaler de particulier concernant les façons culturales.

…Quant aux engrais, c'est le plus souvent le fumier de ferme exclusivement qui est …ployé, à raison de 60 mètres cubes à l'hectare; la première moitié (fumier le …ins fait) est répandue au moment du labour d'automne, l'autre moitié (fumier bien …omposé) en mars, avant le premier labour de printemps. Quelques planteurs …ttent tout le fumier au printemps : la première moitié en mars, et la deuxième …itié en mai, quinze jours avant la plantation.

…Certains planteurs, mais le petit nombre seulement, donnent une demi-fumure de …nier de ferme, soit 30 à 40 mètres cubes à l'hectare, en automne, et ajoutent au …ntemps 1,000 à 1,500 kilogrammes de tourteau de colza ou de navette.

Les engrais chimiques ne sont guère employés; le paysan a encore pour eux dans …te région une certaine défiance.

La préparation du sol consiste généralement en un labour assez profond de 25 à … centimètres en automne, labour qui enfouit la première fumure; puis en un second …our un peu moins profond, au printemps, dans les premiers jours de mars, que …n fait suivre d'un hersage; enfin, on fait un troisième labour en mai, avec un ou …x hersages, quinze jours avant la plantation.

Les plants sont mis à 45 centimètres dans le sens de la largeur et à 0 m. 70 et à

0 m. 45 alternativement dans le sens de la longueur; cette disposition facilite la circulation des ouvriers, pendant les diverses façons culturales données au tabac; celles-ci n'offrent rien de particulier.

On récolte les feuilles au fur et à mesure de leur maturité, en commençant vers le 20 août par les feuilles du bas; ensuite a lieu, du 5 au 10 septembre, la récolte des feuilles de corps; les feuilles de tête sont récoltées vers la fin de septembre; on ne les laisse guère sur pied au delà du 25 septembre, à cause des gelées blanches assez précoces dans la région.

Les feuilles récoltées sont enfilées dans des ficelles et forment des guirlandes de 20 ou 25 feuilles. Ces guirlandes sont suspendues horizontalement dans des séchoirs, généralement des greniers ou des granges disposés à cet effet.

Les tiges et les souches sont coupées entre deux terres, deux ou trois jours après la récolte des dernières feuilles. On les laisse sécher sur le champ et on s'en sert pour chauffer les fours. L'Administration ne tolère pas de regain de plus de 25 centimètres de longueur; ces regains sont séchés avec les tiges et servent aux mêmes usages.

RÉSULTATS DES EXPÉRIENCES.

Nous avons effectué nos expériences chez M. Perrin, cultivateur à Amance.

M. Carou, le très distingué directeur de l'École d'agriculture de Saint-Rémy, et M. Walter, professeur à l'École et ancien élève de notre laboratoire, ont bien voulu suivre de très près ces expériences, auxquelles en outre M. Jehl, directeur des Tabacs à Vesoul, s'est intéressé personnellement. M. Labarbe, chef de section à Amance, a été désigné pour surveiller le prélèvement des échantillons.

Le sol argilo-siliceux, sans cailloux, présente deux parties un peu différentes; le sous-sol est uniforme; il a été pris à 30 à 35 centimètres de profondeur.

Voici la composition de ces échantillons :

DÉSIGNATION.	POUR 1,000 DE TERRE FINE SÈCHE.			
	AZOTE.	ACIDE PHOSPHORIQUE.	POTASSE.	CARBONATE de CHAUX.
Sol, partie supérieure du champ	1.242	1.711	1.864	7.60
Sol, partie inférieure du champ	1.174	1.587	1.661	6.80
Sous-sol	0.550	1.530	1.966	6.70

Comme on le voit d'après ces résultats, ces sols sont très riches en acide phosphorique et en potasse, assez riches en azote et pauvres en chaux.

Nous réunissons ci-dessous les documents relatifs à la plantation de M. Perrin :

Surface plantée		10 ares, 03	
Nombre de pieds	primitivement plantés	3,933, soit	39,212, par hectare.
	manquants	154	1,535
	détruits	94	937
	restant en charge	3,685	36,740

tableau suivant donne la série des observations relatives à l'expérience, les poids es produits enlevés sur les 100 pieds et ces poids rapportés à l'hectare :

DÉSIGNATION.	DATES DES OPÉRATIONS.	POIDS SECS pour LES 100 PIEDS en expérience.	POIDS SECS pour LES 36,740 PIEDS à l'hectare.
		grammes.	kilogr.
lles d'épamprement	13 juillet....	490	205 7
	24 juillet....	70	
geons d'écimage	24 juillet....	27	9 9
geons du 1er ébourgeonnage	6 août.....	61	22 4
geons du 2e ébourgeonnage	19 août.....	156	57 3
geons du 3e ébourgeonnage	3 septembre.	175	64 3
s à la récolte	Du 19 août au 23 septembre.	2,233	820 6
es à la récolte		4,015	1,475 3
in		738	271 1

	QUANTITÉS LIVRÉES.	QUANTITÉS PAR HECTARE À LA LIVRAISON.	QUANTITÉS PAR HECTARE À L'ÉTAT SEC.
lles à la livraison :	kilogr.	kilogr.	kilogr.
es marchands — Surchoix	17 0	169 5	122 0
es marchands — 1re qualité	18 0	179 5	129 2
es marchands — 2e qualité	112 0	1,116 6	803 9
es marchands — 3e qualité	65 0	648 0	466 6
es non marchands — 1re classe	32 0	319 0	229 7
es non marchands — 2e classe	9 0	89 7	64 6
AL des feuilles	253 0	2,522 3	1,816 0

voit figurer ici le regain, dont nous n'avons pas eu à tenir compte pour les dénents du Pas-de-Calais et de la Meurthe-et-Moselle; par regain, nous entendons usses et rejets qui viennent après la récolte des feuilles et dont l'Administration la destruction le plus rapidement possible, afin d'éviter les fraudes.

ci la composition centésimale de ces divers produits, considérés à l'état sec :

DÉSIGNATION.	CENDRES.	AZOTE.	ACIDE PHOSPHORIQUE	POTASSE.	CHAUX.
	COMPOSITION CENTÉSIMALE DE LA MATIÈRE SÈCHE.				
es plants	39.01	3.53	0.84	8.51	3.50
lles d'épamprement	25.90	6.55	0.50	7.73	4.59
rgeons — d'écimage	17.98	6.21	2.14	6.36	1.06
rgeons — du 1er ébourgeonnage	16.00	6.42	2.15	7.04	0.81
rgeons — du 2e ébourgeonnage	17.48	5.16	1.64	7.30	1.74
rgeons — du 3e ébourgeonnage	17.66	4.47	1.39	7.36	1.62

DÉSIGNATION.	COMPOSITION CENTÉSIMALE DE LA MATIÈRE SÈCHE.				
	CENDRES.	AZOTE.	ACIDE PHOSPHORIQUE.	POTASSE.	CHAUX.
Pieds de mauvaise venue	23.80	3.59	0.79	7.00	2.97
Tiges	11.27	2.15	0.69	4.77	1.54
Racines	14.50	1.07	0.44	2.26	0.87
Feuilles mûres :					
Tabacs marchands. Surchoix, 1re qualité	22.58	2.96	0.65	6.56	6.16
Tabacs marchands. 2e qualité	25.62	2.32	0.64	7.39	6.58
Tabacs marchands. 3e qualité	24.87	2.25	0.65	7.61	6.36
Tabacs non marchands. 1re classe	27.36	1.99	0.61	7.75	7.17
Tabacs non marchands. 2e classe	30.75	2.12	0.42	7.05	7.78
Regain	20.90	4.03	1.17	6.29	1.79

Le tableau suivant donne les quantités de matières fertilisantes empruntées au par hectare pour les 36,740 pieds pris en charge, en tenant compte des 937 pieds mauvaise venue pesant 11 kilogr. 9 et des 37,677 jeunes plants pesant 5 kilogr. 9 :

DÉSIGNATION.	MATIÈRES FERTILISANTES EMPRUNTÉES AU SOL PAR HECTARE.			
	AZOTE.	ACIDE PHOSPHORIQUE.	POTASSE.	CHAUX.
	kilogr.	kilogr.	kilogr.	kilogr.
Feuilles d'épamprement	13 473	1 028	15 901	9 442
Bourgeons. d'écimage	0 615	0 213	0 630	0 105
Bourgeons. du 1er ébourgeonnage	1 438	0 482	1 577	0 181
Bourgeons. du 2e ébourgeonnage	2 957	0 940	4 183	0 997
Bourgeons. du 3e ébourgeonnage	2 874	0 894	4 732	1 042
Pieds de mauvaise venue	0 427	0 094	0 833	0 353
Tiges	17 643	5 662	39 143	12 637
Racines	15 786	6 491	33 342	12 835
Feuilles. Surchoix, 1re qualité	7 435	1 633	16 479	15 474
Feuilles. 2e qualité	18 650	5 145	59 408	52 897
Feuilles. 3e qualité	10 498	3 033	35 508	29 676
Feuilles. 1re classe	4 571	1 401	17 802	16 469
Feuilles. 2e classe	1 369	0 271	4 554	5 026
Regain	10 925	3 172	17 052	4 853
Total	108 661	30 459	251 144	161 987
A déduire jeunes plants	0 208	0 049	0 502	0 206
Matières fertilisantes empruntées au sol par hectare	108 453	30 410	250 642	161 781

expoitation proprement dite par les feuilles, qui seules quittent le domaine, est la ante :

	kilogr.
Azote	42 5
Acide phosphorique	11 5
Potasse	133 7
Chaux	119 5

xaminons les résultats obtenus par le même agriculteur, pendant les huit dernes années.

ANNÉES.	SURFACE PLANTÉE.	NOMBRE DE PIEDS				NOMBRE		PRIX MOYEN des 100 kilogr.	PRODUIT PAR HECTARE	
		PLANTÉS.	MANQUANTS au 1er inv.	DÉTRUITS au 2e inv.	RESTANT en charge.	de FEUILLES par plant.	de FEUILLES au kilogr.		en POIDS.	en ARGENT.
	ares c.							fr. c.	kilogr.	francs.
1	10 54	4,279	36	303	3,940	7.85	140	108 22	2,089	2,207
2	11 36	4,455	45	240	4,170	7.73	127	110 34	2,218	2,447
3	11 62	4,635	182	123	4,330	8.02	159	86 59	1,807	1,564
4	10 13	3,495	55	69	3,371	8.31	116	98 92	2,379	2,353
5	10 12	3,607	136	81	3,390	8.40	157	94 12	1,778	1,674
6	10 03	3,933	154	94	3,685	8.42	122	104 06	2,522	2,625
7	10 00	3,909	195	338	3,369	8.20	125	95 87	2,170	2,080
8	10 03	3,812	34	190	3,588	7.00	146	100 50	1,704	1,713

e tableau nous montre que l'année 1896 a été, pour notre champ d'expériences, année dépassant un peu la moyenne générale.

nfin, si nous consultons le tableau de la page 29, nous voyons que notre colliteur se place parmi les meilleurs planteurs du département.

I. Perrin emploie par hectare 36,000 kilogrammes de fumier de ferme contet :

Azote	0.60 p. 100.
Acide phosphorique	0.50
Potasse	0.70

ette fumure apporte au sol, par hectare :

	kilogr.
Azote	216
Acide phosphorique	180
Potasse	252

Iettons en présence de ces chiffres ceux de l'exportation, soit :

	kilogr.
Azote	108
Acide phosphorique	30
Potasse	250

On constate aisément que la terre doit s'enrichir notablement chaque année; seu la potasse n'excède pas les besoins réels de la plante.

DÉPARTEMENT DE LA SAVOIE.

Le département de la Savoie cultive le tabac sur une surface de 625 hectares environ dans 95 communes, dont 14 de l'arrondissement d'Albertville, 74 de celui d Chambéry et 7 de celui de Saint-Jean-de-Maurienne. Ce département vient au 8e ran pour l'étendue de ses plantations.

Les documents relatifs à la répartition et à l'état de cette culture dans le département nous ont été obligeamment communiqués par M. Zambeaux, directeur des Manufactures de l'État à Chambéry.

Nous les consignons dans le tableau suivant :

ANNÉES.	ARRONDISSEMENTS.	NOMBRE de PLANTEURS.	NOMBRE de PIÈCES.	CONSISTANCE des PLANTATIONS.	NOMBRE DE PIEDS PAR HECTARE plantés.	NOMBRE DE PIEDS PAR HECTARE restant en charge.	NOMBRE DE PIEDS PAR HECTARE manquants ou détruits	NOMBRE de FEUILLES par plant.	NOMBRE de FEUILLES au kilogr.	PRIX MOYEN par 100 kilogr.	PRODUIT MOYEN PAR HECTARE en POIDS.	PRODUIT MOYEN PAR HECTARE en ARGENT
				hect.						fr. c.	kilogr.	francs.
1891		2,539	3,562	484 20 »	38,885	33,936	4,949	7.46	150	94 43	1,661	1,564
1892		2,730	4,092	544 65 »	38,901	34,208	4,693	7.35	138	90 72	1,794	1,619
1893		2,773	4,231	560 63 »	38,817	33,907	4.910	7.59	147	94 57	1,728	1,623
1894		2,915	4,463	581 92 »	38,962	32,809	6 153	7.54	138	93 35	1,762	1,641
1895		3.150	4,959	646 59 »	39,219	34,660	4,559	7.37	134	92 87	1.886	1,744
1896		3,238	5.204	676 09 »	39.173	31,787	7,385	7.05	132	85 38	1,655	1,403
1897		3,200	5,054	662 04 »	39,194	35,178	4,015	7.43	138	85 09	1,393 (1)	1,195
1898	Albertville	162	211	20 32 »	38,850	36,152	2.697	7.80	142	92 15	1,967	1,797
	Chambéry	2.815	4,480	592 32 »	39,359	33,259	6,101	7.27	199	90 97	1,202	1,086
	Saint-Jean-de-Maurienne	110	124	13 94 »	38,869	37,007	1,862	7 84	139	95 70	2,070	1,957
TOTAUX ET MOYENNES pour 1898.		3.087	4,815	626 60 »	39,331	33,434	5.896	7.30	194	91 21	1,246 (1)	1,129

(1) La grêle, en 1897, et la sécheresse, en 1898, ont considérablement réduit les rendements.

à encore, nous voyons cette culture entre les mains des petits agriculteurs; chacun x plante en moyenne une étendue de 20 ares 3 et les pièces n'ont que 13 ares en enne.

es terres qui sont consacrées au tabac dans ce département sont de natures très ses. Elles varient non seulement d'une région à l'autre, mais aussi dans une e commune, en raison de la nature très mouvementée du sol.

e fond des vallées est formé d'alluvions, dont le schiste est un des éléments prin- ux sur les deux rives de l'Arc et de l'Isère. Dans les parties plus élevées, on ren- re l'argile unie au calcaire avec plus ou moins de sable.

ans une bonne partie des territoires relevant principalement des cantons de Mont- an, de La Rochette, d'Albens et de Saint-Genix, l'argile mélangée au sable sili- domine.

a nature des produits varie avec celle des sols : dans les terres basses, le taba iert d'ordinaire un grand développement, mais son tissu est un peu flasque, gieux et manque d'élasticité; dans les sols argilo-calcaires, la feuille est plus rie, quelquefois même un peu épaisse; dans les terres silico-argileuses, les pro- s sont fins, sans manquer pour cela de consistance; ils ont les nervures peu sail- es.

'ailleurs ces caractères généraux peuvent être modifiés dans une certaine mesure a culture et la fumure rationnellement pratiquées.

our l'examen de ces divers types de sols, l'Administration des tabacs a bien voulu adresser aux planteurs dont les noms suivent :

° M. Berthollet, à Bissy, dont le sol de la plantation représente d'une manière assez te la nature de la majeure partie des terres de la vallée de Chambéry, c'est une légère; 2° M. Clerc-Renaud, à Grésy-sur-Aix, dont la plantation représentait les silico-calcaires; 3° M. Carras, dont la culture de tabac a été faite à Avressieux, une terre silico-argileuse; 4° M. Planche-Guibout, à Verel-de-Montbel, pour les s argileuses.

oici la composition de ces principaux types de terres.

DÉSIGNATION.	POUR 1.000 DE TERRE FINE SÈCHE [1].			
	AZOTE.	ACIDE PHOSPHORIQUE.	POTASSE.	CARBONATE DE CHAUX.
ssy, M. Berthollet	1.548	1.207	1.864	9.4
ésy-sur-Aix, M. Clerc-Renaud	1.860	2.636	1.305	129.5
ressieux, M. Carras	1.407	0.790	1.020	4.5
rel-de-Montbel, M. Planche-Guibout	0.923	0.947	0.644	7.7

[1] L'échantillon de Grésy-sur-Aix renfermait 50 p. 100 de cailloux, les autres n'en contenaient pas des proportions ppréciables.

es deux premiers échantillons sont très riches en azote, en acide phosphorique et otasse; les deux derniers sont d'une richesse moindre, surtout en acide phospho- e; celui de Grésy-sur-Aix est seul calcaire.

La variété cultivée est le Paraguay-Savoie, dont les produits servent à la fabrica tion des cigares et scaferlatis.

L'assolement est généralement quinquennal : 1° tabac; 2° blé; 3° trèfle; 4° bl suivi d'une culture dérobée de maïs, sarrasin, navet ou vesce; 5° tabac.

Le tabac, après la culture dérobée, est planté sur un seul labour profond de 30 35 centimètres, par lequel on enfouit le fumier.

L'engrais presque exclusivement employé est le fumier de ferme; il est donn à la dose de 30 à 40 mètres cubes, soit environ 25,000 kilogrammes à l'hectare. est le plus souvent incorporé au sol au printemps; très peu nombreux sont les culti vateurs qui en enfouissent une partie avant l'hiver.

L'usage des engrais chimiques commence à se répandre dans le pays et il n'est pa rare de voir des agriculteurs employer 600 à 1,000 kilogrammes d'engrais chimiqu complet.

Nous n'insisterons pas sur les façons culturales, qui n'offrent rien de particulier.

RÉSULTATS DES EXPÉRIENCES.

Nous avons institué nos expériences chez un habile agriculteur du pays, M. Ber thollet, maire de Bissy. M. Deslarmes, ingénieur agronome, directeur du Syndica des agriculteurs de la Savoie, a bien voulu nous prêter son concours.

Le sol de la plantation a la composition suivante :

DÉSIGNATION.		POUR 1.000 DE TERRE FINE SÈCHE.			
		AZOTE.	ACIDE PHOSPHORIQUE.	POTASSE.	CARBONATE DE CHAUX.
N° 1....	Sol	1.799	1.974	1.610	20.80
	Sous-sol	1.582	1.305	1.746	9.10
N° 2....	Sol	1.548	1.207	1.864	9.40
	Sous-sol	1.661	1.703	2.034	15.50

C'est, comme on le voit, une terre peu calcaire, riche sur une grande profondeu en azote, en acide phosphorique et en potasse, et dont le sous-sol ne diffère pas sen siblement du sol proprement dit.

Nous réunissons ci-dessous les documents relatifs à notre champ d'expériences :

Surface plantée				13 ares 04
Nombre de pieds...	primitivement plantés	5,016	soit	38,466 par hectar
	manquants	157		1,203
	détruits	183		1,403
	restant en charge	4,676		35,860

tableau suivant donne les diverses opérations effectuées (épamprement, écimage,
rgeonnages, etc.), les poids secs des produits obtenus sur les 100 pieds en expé-
e et ces poids rapportés à l'hectare.

DÉSIGNATION.	DATES des OPÉRATIONS.	POIDS SECS pour LES 100 PIEDS en expérience.	POIDS SECS pour LES 35,860 PIEDS à l'hectare.
		grammes.	kilogr.
illes d'épamprement	11-18 juillet	871 3	312 4
ourgeons d'écimage	18 juillet	24 0	8 6
ourgeons du 1er ébourgeonnage	29 juillet	204 4	73 3
ourgeons du 2e ébourgeonnage	9 août	279 0	100 0
ourgeons du 3e ébourgeonnage	23 août	448 0	160 6
ourgeons du 4e ébourgeonnage	6 septembre	516 0	185 0
ourgeons du 5e ébourgeonnage	27 septembre	488 0	175 0
es à la récolte	27 septembre	5,486 0	1,967 5
ines à la récolte	*Idem*	4,651 0	1,668 0

	QUANTITÉS LIVRÉES.	QUANTITÉS PAR HECTARE À LA LIVRAISON.	QUANTITÉS PAR HECTARE À L'ÉTAT SEC.
illes à la livraison :	kilogr.	kilogr.	kilogr.
acs marchands. 2e qualité	70	536 8	386 5
acs marchands. 3e qualité	320	2,454 0	1,766 9
acs non marchands. 1re classe	98	751 5	541 1
acs non marchands. 2e classe	35	268 4	193 2
acs non marchands. 3e classe	23	176 4	127 0
AL des feuilles	546	4,187 1	3,014 7

composition centésimale de ces divers produits considérés à l'état sec est la sui-
:

DÉSIGNATION	CENDRES.	AZOTE.	ACIDE PHOSPHORIQUE.	POTASSE.	CHAUX.
nes plants	33.11	3.66	1.03	8.79	3.28
uilles d'épamprement	30.85	3.59	0.47	4.56	6.13
urgeons d'écimage	19.09	6.99	2.40	5.04	1.20
urgeons du 1er ébourgeonnage	12.93	5.29	1.71	6.26	1.18
urgeons du 2e ébourgeonnage	15.57	5.67	1.75	6.91	0.98
urgeons du 3e ébourgeonnage	18.00	5.86	1.60	7.30	1.29
urgeons du 4e ébourgeonnage	15.85	5.23	1.29	6.89	0.98
urgeons du 5e ébourgeonnage	20.56	5.23	1.30	6.40	1.60
ds de mauvaise venue	22.50	3.61	0.62	5.82	3.95
ges	8.55	2.90	0.55	3.99	1.40
cines	11.10	1.44	0.41	2.08	0.84
uilles mûres (moyenne des diverses qualités)	25.20	3.34	0.58	5.20	7.98

Le tableau suivant est relatif aux quantités de matières fertilisantes emprunté au sol par hectare, en tenant compte des 1,403 pieds de mauvaise venue, pesa 17 kilogr. 9 et des 37,263 jeunes plants, pesant 15 kilogr. 1 :

DÉSIGNATION.	MATIÈRES FERTILISANTES EMPRUNTÉES AU SOL PAR HECTARE.			
	AZOTE.	ACIDE PHOSPHORIQUE.	POTASSE.	CHAUX.
	kilogr.	kilogr.	kilogr.	kilogr.
Feuilles d'épamprement	11 215	1 468	14 245	19 150
Bourgeons. . d'écimage	0 601	0 206	0 433	0 103
Bourgeons. . du 1er ébourgeonnage	3 877	1 253	4 588	0 865
Bourgeons. . du 2e ébourgeonnage	5 670	1 750	6 910	0 980
Bourgeons. . du 3e ébourgeonnage	9 411	2 570	11 724	2 072
Bourgeons. . du 4e ébourgeonnage	9 675	2 386	12 746	1 813
Bourgeons. . du 5e ébourgeonnage	9 152	2 275	11 200	2 800
Pieds de mauvaise venue	0 646	0 111	1 042	0 707
Tiges	57 057	10 821	78 503	27 545
Racines	24 019	6 839	34 694	14 011
Feuilles mûres	100 691	17 485	156 764	240 573
TOTAL	232 014	47 164	332 849	310 619
A DÉDUIRE, jeunes plants	0 553	0 155	1 327	0 495
MATIÈRES FERTILISANTES empruntées au sol par hectare	231 461	47 009	331 522	310 124

L'exportation par les feuilles, qui seules quittent le domaine, est par hectare de :

Azote	100 kilogr.
Acide phosphorique	17
Potasse	156
Chaux	240

Examinons maintenant les résultats obtenus par M. Berthollet pendant les hu dernières années.

ANNÉES.	SURFACE PLANTÉE.	NOMBRE DE PIEDS				NOMBRE		PRIX MOYEN des 100 kilo-grammes.	PRODUIT PAR HECTARE	
		PLANTÉS.	MAN-QUANTS au 1er inven-taire.	DÉTRUITS au 2e inven-taire.	RESTANT en charge.	de FEUILLES par plant.	de FEUILLES au kilo-gramme		en POIDS.	en ARGENT
	a. c.							fr. c.	kilogr.	francs
1891	14 27	5,490	25	16	5,449	12.49	106	85 92	4,435	3,81
1892	17 57	6,760	304	0	6,456	10.98	105	82 47	3,773	3,03
1893	14 22	5,472	33	12	5,427	12.11	113	95 78	4,036	3,698
1894	17 62	6,782	204	90	6,488	10.24	109	101 75	3,422	3,48
1895	17 98	6,824	18	390	6,416	4.67	120	38 00	1,390	(1) 528
1896	13 04	5,016	157	183	4,676	11.34	96	83 92	4,187	3,51
1897	17 97	7,047	129	76	6,842	11.56	217	66 82	595	(1) 39
1898	17 16	6,705	62	139	6,504	11.30	162	89 39	2,616	2,33

(1) Récoltes très fortement avariées par la grêle.

année 1896, favorisée par une série de pluies tombées en temps très opportun, sse la moyenne habituelle. Mais ce qui nous frappe surtout, en jetant les yeux e tableau de la page 36, c'est l'écart considérable qui existe entre les rendements . Berthollet et ceux de la moyenne du département, qui sont dépassés quelquefois us de moitié; ce sont les chiffres les plus élevés que nous ayons jamais eu l'occasion erver.

. Berthollet n'emploie pas d'engrais chimique, car il a des fumiers en abonc; il répand environ 50,000 kilogrammes de fumier par hectare, enfoui au ent du labour qui précède la plantation; puis, lors du buttage, il donne une re complémentaire d'engrais humain provenant des fosses d'aisances de Cham-, à la dose d'un litre par pied. Ces fumures apportent les quantités suivantes d'élés fertilisants par hectare :

	AZOTE.		ACIDE PHOSPHORIQUE.		POTASSE.	
	P. 100.	TOTAL.	P. 100.	TOTAL.	P. 100.	TOTAL.
		kilogr.		kilogr.		kilogr.
,000 kilogrammes de fumier	0.60	300	0.50	250	0.70	350
mètres cubes de vidanges	0.60	210	0.15	52	0.20	70
TOTAUX	....	510	....	302	....	420

ettons en présence de ces chiffres ceux de l'exportation précédemment établis et avons :

	AZOTE.	ACIDE PHOSPHORIQUE.	POTASSE.
	kilogr.	kilogr.	kilogr.
Apporté par la fumure	510	302	420
Emprunté au sol	231	47	331

i l'on se rappelle, en outre, la richesse initiale du sol, on peut comprendre les réts extraordinaires obtenus par notre collaborateur.

DÉPARTEMENT DE L'ISÈRE.

e département de l'Isère cultive le tabac sur une surface de 1,823 hectares dans communes, dont 34 de l'arrondissement de Grenoble, 57 de celui de la Tour-Pin, 40 de celui de Saint-Marcellin et 36 de celui de Vienne. Il occupe le quame rang pour l'étendue de la culture du tabac.

e tableau suivant résume, pour les huit dernières années, les documents relatifs à e culture dans le département; ils nous ont été obligeamment communiqués par Gérard, qui, après nous avoir rendu les plus grands services comme chef du bu-u des cultures à l'Administration centrale, a bien voulu nous continuer son précieux cours comme directeur des Manufactures de l'État à Grenoble.

ANNÉES.	ARRONDISSEMENTS.	NOMBRE de planteurs.	NOMBRE de pièces.	CONSISTANCE des plantations.	NOMBRE DE PIEDS PAR HECTARE plantés.	NOMBRE DE PIEDS PAR HECTARE restant en charge.	NOMBRE DE PIEDS PAR HECTARE manquants ou détruits.	NOMBRE de feuilles par plant.	NOMBRE de feuilles au kilogr.	PRIX MOYEN par 100 kilogr.	PRODUIT MOYEN PAR HECTARE en poids.	PRODUIT MOYEN PAR HECTARE en argent.
				ha. a. c.						fr. c.	kilogr.	francs.
1891		8,011	10,664	1,394 82 »	38,497	34.318	4,179	7.24	140	88 65	1,720	1,522
1892		7.980	10,852	1,467 81 »	40.116	32.247	7.869	7.09	139	89 05	1.765	1,564
1893		8,139	11,106	1,526 33 »	40.538	35,849	4.689	7.34	165	88 14	1,567	1,375
1894		8,296	11,436	1,593 39 »	40,540	34,584	5.956	7.47	136	90 27	1,875	1,688
1895		9.176	12.873	1.788 58 »	40,560	36.063	4,497	7.35	134	88 60	1,950	1,720
1896		9,718	13,319	1,829 00 »	40,556	34,930	5,626	7.56	125	86 54	2,075	1,787
1897		9,822	13,147	1.763 42 »	40,546	34,863	5,683	7.49	129	86 09	1,863	1,597
1898	Grenoble	1,801	2,718	288 17 »	40,479	35,658	4,821	7.14	162	85 30	1,540	1,322
	La Tour-du-Pin	4,517	5,939	875 85 »	40,594	34,778	5,816	7.19	205	90 57	1,203	1,088
	Saint-Marcellin	1,849	2.468	305 88 »	40,522	34,355	6,167	7.78	242	73 33	1,088	792
	Vienne	2,241	2,645	353 58 »	40,544	33,306	7,238	7.98	199	78 86	1,318	1,033
Totaux et moyennes pour 1898.		10,408	13,770	1,823 50 »	40,554	34,560	5,994	7.43	201	84 88	1,259	1,065

Il y a, comme on le voit, tendance au développement de la culture, dont la superfic a augmenté d'environ 400 hectares depuis 1891. C'est encore l'apanage de la peti culture; chaque planteur cultive en moyenne 17 ares 5 et les pièces ont une superfic moyenne de 13 ares 2.

Si l'on considère le relief du département de l'Isère, on voit qu'il est séparé p l'Isère en deux portions assez distinctes : au nord, la partie des plaines (plaines de côte Saint-André, de Bourgoin, vallées du Rhône, du Guiers, plateau de Chambaraud au sud, une partie montagneuse comprenant le massif calcaire de Vescores, celui d Belledonne, etc.

Le tabac est surtout cultivé dans la région des plaines, où se trouvent princip lement les divers étages du miocène et ceux du jurassique supérieur, et dans les va lées, constituées par des alluvions modernes. Celles-ci sont généralement sableuses limoneuses, pour la vallée de l'Isère par exemple, mais elles ont, pour les autres vallée des caractères locaux variables; la plupart ont été formées par le remaniement d dépôts quaternaires et des boues glaciaires. L'Administration des tabacs a bien voul nous procurer quelques échantillons des principaux types des terres à tabacs du d partement. Ils représentent respectivement les terrains d'alluvions de l'Isère; le dilu vium; les terrains tertiaires; les terres argileuses de la culture de Morestel; et cell plus légères de Saint-Jean-d'Avelane. Voici les résultats de leur analyse :

DÉSIGNATION.	POUR 1,000 DE TERRE FINE SÈCHE. Azote.	Acide phosphorique.	Potasse.	Carbonate de chaux.
Tullins, M. Morel	1.275	2.083	1.966	18.0
Saint-Sauveur, M. Caillat	1.077	0.891	0.850	6.6
Saint-Vérand, M. Petit	1.204	1.034	1.020	5.6
Passins, M. Bel	1.144	1.654	2.353	17.3
Saint-Jean-d'Avelane, M. Pommel	1.177	0.910	0.835	3.0

taux d'azote, sans être élevé, est généralement satisfaisant; pour l'acide phos-ique et la potasse, quelques terres se montrent plutôt pauvres; toutes sont dépour-de calcaire.

variété cultivée est le Paraguay Bas-Rhin, dont les produits servent à la fabrica-des cigares et scaferlatis.

plus souvent, le tabac entre dans un assolement, variable selon les régions. On che autant que possible à le faire succéder à une défriche de trèfle; souvent aussi, la céréale, on fait une culture dérobée de choux-raves. sarrasin ou maïs fourrage près l'enlèvement de la culture dérobée, on plante le tabac qui vient ainsi sur un elativement épuisé.

assolement des environs de Pont-de-Beauvoisin est le suivant : tabac, blé, trèfle, u seigle (avec choux-raves, sarrasin ou maïs fourrage en culture dérobée), tabac.
ans d'autres régions, on ne suit pas d'assolement régulier; on fait le tabac dans roit le meilleur, parce qu'on manque de fumier; on le fait parfois revenir deux ois années de suite sur le même sol; souvent on le cultive après des choux ou des , semés en culture dérobée après le blé.

préparation du sol et les opérations ordinaires de la culture (semis, plantation, ux d'entretien, etc.) n'offrent rien de particulier.

uant aux fumures, on peut dire que la plupart des petits cultivateurs ne donnent abac que du fumier de ferme bien décomposé et employé à la dose moyenne 0,000 kilogrammes par hectare; on le répand quelquefois en deux fois, lors du ur d'hiver et au labour qui précède la plantation; le plus souvent, on distribue oitié de la fumure au labour de printemps et l'autre moitié au labour qui précède édiatement la plantation.

usage des engrais complémentaires est encore exceptionnel, mais il tend à se ré-re.

a récolte des feuilles se fait en plusieurs fois, depuis le mois d'août jusque vers ilieu de septembre, au fur et à mesure de leur maturité; on cueille d'abord euilles du bas, puis celles du milieu, enfin les feuilles du haut, dites de cou-e.

es feuilles sont transportées dans un endroit aéré, abrité de la pluie, des brouil-s et de la rosée; elles sont enfilées de façon que les côtes soient alternes, dos à plat contre plat; on fait des guirlandes d'environ 60 feuilles espacées de 0 m. 01 ron; elles sont dès lors séchées avec les précautions d'usage.

es sous-produits sont utilisés de diverses façons, suivant les régions: tantôt on en-e les souches à la charrue le plus tôt possible; tantôt, on les met en bottes, qu'on e dans les fossés où l'on doit planter de la vigne, ou bien on les transporte avec la e adhérente sur les prairies, sur les luzernières, dans des terres plus maigres ou re sur le tas de fumier; leur action est considérée d'ailleurs comme très lente.

RÉSULTATS DES EXPÉRIENCES.

ous avons institué nos expériences chez M. Moret, régisseur de M. Michel Perret, ullins. M. Laurent, ingénieur agronome, professeur d'agriculture, a bien voulu s prêter son concours.

Le sol de la plantation, profond et frais et de nature silico-argileuse, a la compos tion suivante, pour 1,000 de terre fine sèche :

Azote	1.275
Acide phosphorique	2.083
Potasse	1.966
Carbonate de chaux	18.000

Il est riche en azote, très riche en acide phosphorique et en potasse et la chaux n' fait pas défaut; c'est, en somme, une terre de très bonne qualité.

Nous réunissons ci-dessous les documents relatifs à notre champ d'expériences :

Surface plantée			26 ares 94
Nombre de pieds	primitivement plantés	10,914, soit	40,512 par hectar
	manquants	346	1,284
	détruits	40	148
	restant en charge	10,528	39,080

Le tableau ci-après concerne les diverses opérations effectuées et les poids sec obtenus :

DÉSIGNATION.		DATES des OPÉRATIONS.	POIDS SECS pour LES 100 PIEDS en expérience.	POIDS SECS pour LES 39,080 PIEDS à l'hectare.
			grammes.	kilogr.
Feuilles d'épamprement		16 juillet.	590	230 6
Bourgeons	d'écimage	*Idem*	12	4 7
	du 1er ébourgeonnage	7 août.	74	28 9
	du 2e ébourgeonnage	18 août.	182	71 1
	du 3e ébourgeonnage	3 septembre.	260	101 6
Tiges à la récolte		11 septembre.	2,373	927 7
Racines à la récolte		*Idem.*	2,152	841 1
Regain		25 septembre.	1,680	656 5

Feuilles à la livraison :		QUANTITÉS LIVRÉES.	QUANTITÉS PAR HECTARE À LA LIVRAISON.	QUANTITÉS PAR HECTARE À L'ÉTAT SEC.
		kilogr.	kilogr.	kilogr.
Tabacs marchands (3e qualité)		370	1,373 4	1,030 0
Tabacs non marchands	1re classe	73	270 9	203 2
	2e classe	90	334 1	250 6
	3e classe	49	181 8	136 3
TOTAL des feuilles		582	2,160 2	1,620 1

ici la composition centésimale de ces divers produits, considérés à l'état sec :

DÉSIGNATION.	COMPOSITION CENTÉSIMALE DE LA MATIÈRE SÈCHE				
	CENDRES.	AZOTE.	ACIDE PHOSPHORIQUE.	POTASSE.	CHAUX.
nes plants	35.30	2.46	1.16	8.86	2.86
illes d'épamprement	29.13	3.28	0.53	6.59	8.04
rgeons d'écimage	13.30	7.68	2.63	6.02	0.59
rgeons du 1er ébourgeonnage	14.51	6.74	2.06	7.17	1.15
rgeons du 2e ébourgeonnage	15.90	5.79	1.75	7.08	1.32
rgeons du 3e ébourgeonnage	16.20	5.58	1.55	6.78	1.30
es	9.22	2.40	0.64	4.14	1.46
nes	13.16	2.14	0.56	2.91	1.09
illes de couronne, 3e qualité	25.76	2.89	0.74	7.29	7.39
illes de corps, non marchand 1re classe	25.60	2.51	0.74	7.34	7.59
illes basses, non marchand 2e classe	31.00	2.41	0.61	6.05	9.52
illes de pied, non marchand 3e classe	33.35	1.97	0.52	6.05	10.08
ain	24.43	5.60	1.72	5.79	3.14

us pouvons, à l'aide de ces données, dresser le tableau des matières fertilisantes untées au sol par hectare, en tenant compte des 39,228 jeunes plants pesant ogr. 8.

DÉSIGNATION.	MATIÈRES FERTILISANTES EMPRUNTÉES AU SOL PAR HECTARE.			
	AZOTE.	ACIDE PHOSPHORIQUE.	POTASSE.	CHAUX.
	kilog.	kilog.	kilog.	kilog.
illes d'épamprement	7 564	1 222	15 196	18 540
rgeons. . d'écimage	0 361	0 124	0 283	0 028
rgeons. . du 1er ébourgeonnage	1 948	0 595	2 072	0 332
rgeons. . du 2e ébourgeonnage	4 117	1 244	5 034	0 938
rgeons. . du 3e ébourgeonnage	5 669	1 575	6 888	1 321
es	22 265	5 937	38 407	13 544
ines	17 999	4 710	24 476	9 168
illes mûres. Tabacs marchands, 3e qualité	29 767	7 622	75 087	76 117
illes mûres. Tabacs non marchands 1re classe	5 100	1 504	14 915	15 423
illes mûres. Tabacs non marchands 2e classe	6 039	1 529	15 161	23 857
illes mûres. Tabacs non marchands 3e classe	2 685	0 709	8 246	13 739
gain	36 764	11 292	38 011	20 614
TAL	140 278	38 063	243 776	193 621
DÉDUIRE, jeunes plants	0 093	0 044	0 337	0 109
TIÈRES FERTILISANTES empruntées au sol par hectare	140 185	38 019	243 439	193 512

L'exportation proprement dite par les feuilles est la suivante :

	kilogr.
Azote	43
Acide phosphorique	11
Potasse	113
Chaux	129

Examinons maintenant les résultats obtenus par le même agriculteur pendant c dernières années :

ANNÉES.	SURFACE PLANTÉE.	NOMBRE DE PIEDS				NOMBRE		PRIX MOYEN des 100 kilog.	PRODUIT PAR HECTARE	
		PLANTÉS.	MANQUANTS au 1er inventaire.	DÉTRUITS au 2e inventaire.	RESTANT en charge.	de FEUILLES par plant.	de FEUILLES au kilogr.		en POIDS.	en ARGENT
	H. C.							fr. c.	kilogr.	francs.
1891 (1)	12 32	4,968	435	152	4,381	9.21	166	86 45	2,037	1,69
1894	20 66	8,372	955	103	7,314	6.63	173	83 26	1,355	1,12
1895	21 35	8,649	1,170	277	7,202	6.87	124	92 24	1,887	1,71
1896	26 94	10,914	346	40	10,528	9.18	166	75 83	2,160	1,63

(1) Pendant les années 1892 et 1893, 1897 et 1898, la culture du tabac a été interrompue.

On voit d'abord que l'année 1896 ne s'écarte pas sensiblement de la moyenne et, outre, si l'on considère les moyennes relatives à la culture, consignées dans le table de la page 42, que les résultats de notre collaborateur se rapprochent de la moyen du département.

M. Moret emploie les fumures suivantes : 40,000 kilogrammes de fumier de fer à l'hectare, et 600 kilogrammes d'engrais chimique complexe, qu'on répand en co verture au moment de la plantation et qu'on enfouit par des hersages et roulag Cette fumure apporte au sol les quantités suivantes d'éléments fertilisants :

	AZOTE.		ACIDE PHOSPHORIQUE.		POTASSE.	
	P. 100.	TOTAL.	P. 100.	TOTAL.	P. 100.	TOTAL.
		kilogr.		kilogr.		kilogr.
40,000 kilogrammes de fumier de ferme	0.60	240	0.50	200	0.70	280
600 kilogrammes d'engrais chimique	2.00	12	9.00	54	12.00	72
TOTAUX	......	252	......	254	......	352

Mettons en présence de ces chiffres ceux de l'exportation et nous avons :

	AZOTE.	ACIDE PHOSPHORIQUE.	POTASSE.
	kilogr.	kilogr.	kilogr.
Apporté par la fumure	252	254	352
Emprunté au sol	140	38	243

IV. — RÉGION DU SUD-OUEST.

a région du Sud-Ouest est celle qui groupe les départements où l'étendue cultivée la plus considérable, ceux du Lot-et-Garonne, de la Dordogne, du Lot et de la nde.

DÉPARTEMENT DE LA DORDOGNE.

e tabac est cultivé dans le département de la Dordogne sur une surface de 25 hectares, dans 355 communes, dont 119 de l'arrondissement de Bergerac, le celui de Périgueux, 47 de celui de Ribérac et 105 de celui de Sarlat. Ce dépar-ent occupe le deuxième rang parmi les départements producteurs de tabac, pour rface de ses plantations.

oici, pour les huit dernières années, les documents relatifs à la répartition et tat de cette culture dans ce département; ils nous ont été obligeamment com-iqués par M. Delastelle, directeur des Manufactures de l'État à Périgueux.

NNÉES.	ARRON-DISSEMENTS.	NOMBRE de PLANTEURS.	NOMBRE de PIÈCES.	CONSISTANCE des PLANTATIONS.	NOMBRE DE PIEDS PAR HECTARE. plantés.	restant en charge.	manquants ou détruits.	NOMBRE de FEUILLES par plant.	NOMBRE de FEUILLES au kilogr.	PRIX MOYEN par 100 kilogr.	PRODUIT MOYEN PAR HECTARE. en POIDS.	en ARGENT.
				ha. a. c.						fr. c.	kilogr.	francs.
91		10,447	18,502	2,945 70 "	37,639	31,302	6,337	6.95	184	85 64	1,174	1,001
92		9,510	17,507	2,670 21 "	37,563	29,632	7,931	6.68	167	87 02	1,173	1,016
93		9,841	18,973	2,929 53 "	37,602	32,356	5,246	6.80	187	85 15	1,134	960
94		10,071	20,068	2,979 30 "	37,549	29,393	8,156	7.18	177	83 87	1,165	974
95		9,892	20,387	3,085 85 "	37,609	33,415	4,194	6.94	180	82 42	1,271	1,043
96		10,373	21,930	3,266 00 "	37,635	32,797	4,838	7.07	176	83 06	1,255	1,037
97		10,497	22,610	3,159 93 "	37,710	32,828	4,882	7.01	169	83 20	1,332	1,103
98[1]	Bergerac	4,012	9,128	1,278 73 "	37,989	30,858	7,121	6.76	303	75 79	682	514
	Périgueux	2,168	4,807	655 84 "	37,793	29,482	8,311	6.51	258	79 80	733	583
	Ribérac	1,594	3,947	471 23 "	37,634	27,466	10,168	6.32	253	79 77	677	536
	Sarlat	3,560	6,619	919 70 "	37,829	30,850	6,979	6.62	257	78 78	786	614
Totaux et moyennes pour 1898.		11,334	24,501	3,325 52 "	37,826	30,107	7,719	6.62	274	78 03	720	558

[1] La récolte a été diminuée de moitié par suite de la sécheresse persistante.

On voit que la culture a des tendances à l'accroissement; la superficie moyenne tivée par chaque planteur est de 29 ares 3 et celle des pièces de 13 ares 5. chiffre moyen de 29 ares par planteur est en réalité trop élevé, car l'Administration ne compte que les propriétaires du sol; or, les propriétés sont divisées e métairies et la culture de la surface indiquée ci-dessus par planteur est, le plus sou vent, répartie entre plusieurs métayers.

Le sol du département de la Dordogne, creusé par des vallées profondes c sinueuses, est partout tellement accidenté que la nature des terres, au point de vu agricole, présente, même par commune, une diversité extrême.

M. le Directeur des Tabacs a bien voulu nous indiquer, dans ses grandes lignes d'après la constitution géologique, le groupement des terrains, suivant leur étendu décroissante et sans tenir compte de l'ordre de leur formation.

Terrains crétacés. — Ce groupe, comprenant la majeure partie du département, es inscrit dans le périmètre Brantôme, Ribérac, Mussidan, Belvès, Carlux, Montignac Agonac; il est semé de nombreux îlots de formation tertiaire, appartenant aux sable du Périgord. Sur une pareille étendue, les sols, où le calcaire domine, sont trè variables, tantôt sableux, tantôt argileux, principalement dans la région nord-oues de l'arrondissement de Périgueux et dans l'arrondissement de Ribérac.

Sables tertiaires. — Indépendamment des nombreux îlots, souvent d'une superfici assez étendue, compris dans le groupe précédent, ces terrains constituent presqu exclusivement le sol de la Double et de la région entre l'Isle et la Dordogne, limitée l'est par la ligne Mussidan-Lalinde.

Les terres qui en dérivent sont mélangées, sur le flanc et à la base des coteaux avec une certaine proportion d'argile; elles sont assez pauvres en chaux et en acid phosphorique. Le sous-sol est souvent rendu imperméable par un banc d'argile o d'aggloméré calcaire. Dans ces terrains, les tabacs résistent assez à la sécheresse leur végétation, après être restée quelque temps stationnaire, progresse tout d'un coup.

Calcaires tertiaires. — Ce groupe ne comprend qu'une superficie cultivée assez restreinte, dans plusieurs communes des cantons de Villefranche-de-Longchapt, Vélines, Sigoulès et Issigeac, dont les terres, de nature argileuse, froides, avec une couche arable peu profonde, conviennent peu à la culture du tabac, dont la maturité est souvent incomplète; aussi, dans ces régions, les rendements sont-ils peu rémunérateurs.

Étage oolithique. — A cette formation, dont les sols sont principalement calcaires, chauds et secs, appartiennent plusieurs communes situées dans les cantons d'Excideuil, Hautefort, Terrasson, Savignac-les-Eglises, Thenon, Saint-Cyprien, Domme et Salignac.

Lias et Trias. — Ils forment des terrains calcaires, marneux ou argileux, répartis dans certaines régions des trois premiers cantons énumérés dans le groupe précédent.

Alluvions modernes. — Enfin, coupant tous ces groupes, les terrains d'alluvions forment des bandes plus ou moins larges, au fond des vallées de la Dronne, de l'Isle, de la Vezère et de la Dordogne. Leur couche arable est profonde; leur sous-sol est tantôt calcaire, tantôt siliceux ou argilo-siliceux; ils sont, pour la plupart, éminemment propres à la culture du tabac, à condition, toutefois, de ne pas dépasser un certain degré d'humidité, sans quoi ils produisent des tabacs flasques et grossiers. Il est à remarquer, d'ailleurs que, le plus souvent, les tabacs provenant des parties basses des vallées sont, malgré leur grand développement, inférieurs en qualité aux tabacs venus à flanc oteaux, lesquels ont un tissu plus serré, avec une charpente moins accentuée et aussi plus combustibles.

a plupart des terres de la Dordogne, médiocrement fumées, sont pauvres en prin- fertilisants; mais dans les vallées, la profondeur du sol vient souvent corriger pauvreté.

a variété cultivée est le Paraguay-Bas-Rhin; les produits sont destinés à la fabri- n du tabac à fumer.

assolement le plus généralement suivi est l'assolement biennal, tabac-blé; quel- ois, entre le blé et le tabac, on intercale une culture dérobée de rave, de fourrage ou de pois. Quelques agriculteurs font revenir le tabac plusieurs années de suite le même champ.

es fumures sont peu copieuses, en général; cependant, les planteurs aiment à con- er au tabac la plus grande partie de leur fumier. Ce fumier, ayant parfois pour la litière d'ajonc ou de bruyère, est en général grossier, lavé par les pluies et mal ervé; enfoui au printemps à la dose moyenne de 25,000 kilogrammes, il se dé- pose lentement, tient le sol soulevé, car les roulages sont pour ainsi dire inconnus; ıit ainsi à la reprise des plants et exerce son action plus sur le blé qui lui suc- que sur le tabac lui-même.

vec le système du métayage, il est difficile d'imposer au colon l'usage des engrais ıiques; cependant leur emploi commence à se répandre chez les grands proprié- s, mais, il faut bien le dire, sans aucun discernement dans leur choix.

'une manière générale, on peut dire que les façons culturales sont très négligées en dogne, et l'on doit reconnaître que la culture du tabac, surveillée de près par les loyés de l'Administration, est certainement la mieux faite. Bien loin de se plaindre, me on le fait parfois, des exigences de l'Administration, les propriétaires doivent ontraire lui en être reconnaissants. Le métayer du Périgord est négligent en ce concerne les épamprements, les écimages, les ébourgeonnages, etc...; il fait ces ations quand il en a le temps, ou quand il est menacé par les employés, et non lorsque la plante l'exigerait.

e pied de tabac coupé au ras du sol, pour être suspendu à l'aide de fils de fer ou icelles dans des granges ou des greniers souvent mal aérés, ne reçoit pas pendant essiccation des soins suffisants; enfin le triage des feuilles laisse ordinairement à rer.

'est à toutes ces causes réunies qu'il faut attribuer les faibles rendements que nous rvons dans le tableau précédent. Si la culture du tabac recevait les soins dont elle l'objet dans d'autres départements, tels que le Nord ou le Pas-de-Calais, ce n'est une moyenne de 1,000 francs par hectare qu'on obtiendrait; ce chiffre s'élèverait ainement dans des proportions notables.

RÉSULTATS DES EXPÉRIENCES.

'est dans la propriété d'un d'entre nous, située à Escoire, près de Périgueux, nous avons institué nos expériences, en en confiant l'exécution à un des meilleurs ayers, surveillé lui-même par M. Grisot, employé des tabacs, qui nous a prêté un cours dont nous le remercions très vivement.

Le sol renferme 15.56 p. 100 de cailloux; il a la composition suivante, pour 1,00 de terre fine sèche :

Azote	1.72
Acide phosphorique	0.93
Potasse	4.08
Magnésie	0.16
Carbonate de chaux	82.00

Il est riche en azote et en potasse, assez bien pourvu d'acide phosphorique; il e en outre calcaire.

Voici les documents relatifs à la plantation :

Surface plantée		24 ares 67	
Nombre de pieds...	primitivement plantés	9,348 soit	37,892 par hectar
	manquants	238	964
	détruits	486	1,970
	restant en charge	8,624	34,958

Le tableau suivant donne la série des diverses opérations, les dates auxquelles ell ont été effectuées, les poids secs des produits enlevés sur les 100 pieds en expérienc et ces poids rapportés à l'hectare :

DÉSIGNATION.		DATES des OPÉRATIONS.	POIDS SECS pour LES 100 PIEDS en expérience.		POIDS SECS pour LES 34,958 PIEDS à l'hectare.
			grammes.		kilogr.
Feuilles d'épamprement		17 juillet.	675	826	288 7
		5 août.	151		
Bourgeons	d'écimage	17 juillet-5 août.	27.5		9 6
	du 1er ébourgeonnage	7 août.	330		115 4
	du 2e ébourgeonnage	28 août.	417		145 8
	du 3e ébourgeonnage	14 septembre.	436		152 4
Tiges à la récolte		3 octobre.	2,288		800 0
Racines à la récolte		*Idem.*	3,068		1,072 8
Regain		"	114		39 8

Feuilles à la livraison :		QUANTITÉS LIVRÉES.	QUANTITÉS À L'HECTARE À LA LIVRAISON.	QUANTITÉS À L'HECTARE À L'ÉTAT SEC.
		kilogr.	kilogr.	kilogr.
Tabacs marchands	2e qualité	17	68 9	50 3
	3e qualité	328	1,329 5	970 5
Tabacs non marchands	1re classe	80	324 3	236 7
	2e classe	36	145 9	106 5
Total des feuilles		461	1,868 6	1,364 0

...ici la composition de la matière sèche pour chacun des produits énumérés :

DÉSIGNATION.	COMPOSITION CENTÉSIMALE DE LA MATIÈRE SÈCHE.				
	CENDRES.	AZOTE.	ACIDE PHOSPHORIQUE.	POTASSE.	CHAUX.
...nes plants	32.41	3.20	0.90	7.92	4.34
...illes d'épamprement	33.47	3.38	0.38	4.01	7.17
...rgeons d'écimage / du 1er ébourgeonnage	13.16	4.82	1.03	3.98	1.82
...rgeons du 2e ébourgeonnage	14.92	5.38	0.82	4.26	2.44
...rgeons du 3e ébourgeonnage	15.65	4.97	0.76	4.04	2.18
...ds de mauvaise venue	16.49	3.01	0.38	2.25	4.84
...es	10.96	2.51	0.27	2.92	2.61
...ines	7.45	1.62	0.27	1.25	1.32
...illes mûres supérieures	23.90	3.19	0.38	2.54	9.74
...illes mûres moyennes	26.50	2.23	0.28	3.00	10.58
...illes mûres basses	28.65	2.04	0.25	2.36	11.48
...ain	38.13	4.26	1.22	3.58	4.14

...s chiffres permettent de calculer les quantités de matières fertilisantes empruntées ...ol par hectare, en tenant compte des 1,970 pieds de mauvaise venue, pesant secs ...logr. 6, et des 36,928 jeunes plants, pesant 10 kilogr. 5 :

DÉSIGNATION.	MATIÈRES FERTILISANTES EMPRUNTÉES AU SOL PAR HECTARE.			
	AZOTE.	ACIDE PHOSPHORIQUE.	POTASSE.	CHAUX.
	kilogr.	kilogr.	kilogr.	kilogr.
...illes d'épamprement	9 758	1 097	11 577	20 700
...rgeons d'écimage / du 1er ébourgeonnage	6 025	1 287	4 975	2 275
...rgeons du 2e ébourgeonnage	7 844	1 195	6 211	3 557
...rgeons du 3e ébourgeonnage	7 574	1 158	6 157	3 322
...ds de mauvaise venue	2 065	0 261	1 543	3 320
...es	20 080	2 160	23 360	29 880
...ines	17 379	2 896	13 410	14 161
...illes mûres supérieures (2e et 3e qualités)	32 563	3 879	25 928	99 426
...illes mûres moyennes (1re classe)	5 278	0 663	7 101	25 043
...illes mûres basses (2e classe)	2 173	0 266	2 513	12 226
...ain	1 695	0 486	1 425	1 648
...AL	112 434	15 348	104 200	206 558
...ÉDUIRE, jeunes plants	0 336	0 094	0 832	0 456
...TIÈRES FERTILISANTES empruntées au sol par hectare	112 098	15 254	103 358	206 102

L'exportation proprement dite par les feuilles est la suivante :

	kilogr.
Azote	40
Acide phosphorique	5
Potasse	35
Chaux	137

Nous ne consignerons pas ici les résultats obtenus sur l'ensemble du domaine po les huit dernières années. Calculés sur des moyennes de 5 métairies, les résultats so souvent diminués dans des proportions énormes par la mauvaise culture de l'un e l'autre des colons. Nous nous bornerons à dire que les rendements obtenus dans cet expérience sont sensiblement au-dessus de la moyenne générale du département.

Nous avons fait notre culture sur une fumure exclusivement chimique, ainsi com posée :

	KILOGRAMMES À L'HECTARE.
Sulfate d'ammoniaque	250
Nitrate de soude	125
Superphosphate	375
Sulfate de potasse	125

apportant par hectare :

DÉSIGNATION.	AZOTE.		ACIDE PHOSPHORIQUE.		POTASSE.	
	P. 100.	TOTAL.	P. 100.	TOTAL.	P. 100.	TOTAL.
		kilogr.		kilogr.		kilogr.
Sulfate d'ammoniaque	20.5	51	//	//	//	//
Nitrate de soude	15.0	19	//	//	//	//
Superphosphate	//	//	13.0	48	//	//
Sulfate de potasse	//	//	//	//	50	62
TOTAUX	//	70	//	48	//	62

Mettons en regard de ces chiffres ceux de l'exportation :

	AZOTE.	ACIDE PHOSPHORIQUE.	POTASSE.
	kilogr.	kilogr.	kilogr.
Apporté par la fumure	70	48	62
Emprunté au sol	112	15	103

Avec une fumure relativement faible, on a pu cependant obtenir un rendemer supérieur aux rendements moyens du pays. Nous insisterons plus tard sur ce fait inte ressant.

DÉPARTEMENT DE LA GIRONDE.

Le département de la Gironde cultive le tabac sur une surface de 1,463 hectare répartis dans 115 communes, dont 43 de l'arrondissement de Bazas, 1 de celui d leaux, 54 de celui de la Réole et 17 de celui de Libourne. Cette surface lui assigne nquième rang parmi les départements producteurs de tabac.

e tableau suivant résume, pour les huit dernières années, les documents relatifs culture dans ce département; ils nous ont été communiqués par M. Clesse, di- eur des Manufactures à Bordeaux.

NNÉES.	ARRON- DISSEMENTS.	NOMBRE de PLANTEURS.	NOMBRE de PIÈCES.	CONSISTANCE des PLANTATIONS.	NOMBRE DE PIEDS PAR HECTARE plantés.	NOMBRE DE PIEDS PAR HECTARE restant en charge.	NOMBRE DE PIEDS PAR HECTARE manquants ou détruits	NOMBRE de FEUILLES par plant.	NOMBRE de FEUILLES au kilogr.	PRIX MOYEN par 100 kilogr.	PRODUIT MOYEN PAR HECTARE en POIDS.	PRODUIT MOYEN PAR HECTARE en ARGENT.
				ha. a. c.						fr. c.	kilogr.	francs.
1		3,775	9,238	1,308 06	34,797	26,758	8,039	7.70	159	86 43	1,279	1,097
2		3,479	9,013	1,255 93	34,665	27,962	6,703	7.66	131	89 98	1,601	1,427
3		3,307	9,069	1,247 54	34,467	26,082	8,385	7.17	169	84 22	1,083	901
4		3,343	9,489	1,314 03	34,627	27,835	6,792	7.77	142	87 57	1,491	1,297
5		3,393	9,774	1,357 22	34,497	28,560	5,937	7.58	173	88 66	1,210	1,067
6		3,554	10,363	1,407 00	34,542	28,804	5,738	7.83	139	90 14	1,542	1,379
7		3,619	10,350	1,370 16	34,449	29,036	5,413	7.79	118	93 26	1,888	1,758
8 (1)	Bazas	1,737	5,607	703 73	33,063	24,071	8,992	6.93	233	84 53	705	595
	Bordeaux	6	10	4 16	34,957	19,825	15,132	7.74	167	78 92	904	713
	La Réole	1,780	4,820	629 55	35,625	26,653	8,972	7.82	233	86 83	879	761
	Libourne	411	787	125 94	35,943	30,247	5,696	7.36	266	77 72	828	640
AUX ET MOYENNES pour 1898.		3,934	11,226	1,463 40	34,418	25,701	8,717	7.37	236	85 00	791	671

Récolte compromise par la sécheresse.

a surface moyenne cultivée par chaque planteur est de 37 ares, et la superficie enne des pièces de 13 ares.

a variété cultivée est le Paraguay Bas-Rhin; les produits sont destinés à la fabri- n du tabac à fumer.

e tabac succède au blé et c'est l'assolement biennal, tabac, blé, etc..., qui est sage dans le département.

a récolte de blé est suivie d'un déchaumage vers juillet ou août, sur lequel on sème des fèves ou du trèfle incarnat, etc., que l'on enfouit en avril. Les diverses opérations culturales n'offrent rien de spécial.

Les engrais sont peu abondants. On fait un grand usage, dans cette région, des engrais verts (jarosse, trèfle) que l'on enfouit avant le 30 avril, mais, quand les fourrages ont manqué l'année précédente, on n'enfouit parfois que la moitié de la fumure verte. En outre de cette dernière, on emploie environ 45,000 kilogrammes de fumier consommé à l'hectare.

Enfin, certains agriculteurs répandent, au moment de la plantation, une fumure complémentaire d'environ 750 kilogrammes de tourteau par hectare. Mais le plus souvent, on se contente de la fumure verte et du fumier.

Les pieds de tabac sont coupés au ras de terre et on sèche les pieds entiers au séchoir, dans lequel ils sont suspendus à des fils de fer placés transversalement. Il existe dans le département quelques séchoirs très bien compris.

Quand le tabac est presque sec, on procède à son effeuillage; les feuilles sont mises par petits tas, les pointes réunies, et soumises à toutes les précautions nécessaires, en attendant les livraisons.

Quant aux souches, elles sont laissées sur le champ; les tiges sont mises dans les prairies ou au pied des vignes.

RÉSULTATS DES EXPÉRIENCES.

Nous avons effectué nos expériences chez M. Rochet, à la Réole, un des meilleurs agriculteurs de la région, et expert de l'Administration des tabacs. M. Denouh, contrôleur, a bien voulu nous prêter son concours.

Le sol de la plantation, argilo-siliceux, comprend deux parties assez distinctes dont voici la composition :

DÉSIGNATION.		POUR 1.000 DE TERRE FINE SÈCHE.			
		AZOTE.	ACIDE PHOSPHORIQUE.	POTASSE.	CARBONATE DE CHAUX.
N° 1	Sol	1.032	0.688	2.068	6.00
	Sous-sol	0.543	0.624	2 390	6.60
N° 2	Sol	0.801	0.545	1,831	4.80
	Sous-sol	0.407	0.406	1.915	4.40

Cette terre peu calcaire est riche en potasse, et pauvre en azote et en acide phosphorique.

Voici les documents relatifs à la plantation :

Surface plantée		30 ares 95	
Nombre de pieds	primitivement plantés	11,057, soit	35,725 par hectare
	manquants	2,056	6,643
	détruits	385	1,244
	restant en charge	8,616	27,838

.e tableau suivant rend compte des diverses opérations effectuées et des poids secs .nus dans les prélèvements, pour les 100 pieds en expérience et par hectare.

DÉSIGNATION.		DATES.	POIDS SECS pour LES 100 PIEDS en expérience.	POIDS SECS pour LES 27,838 PIEDS à l'hectare.
			grammes.	kilogr.
.uilles d'épamprement		19-30 juillet.	1,304	363 0
.ourgeons	d'écimage	*Idem*	85	23 7
	du 1er ébourgeonnage	5 août	283	78 8
	du 2e ébourgeonnage	18 août	92	25 6
	du 3e ébourgeonnage	2 septembre	279	77 7
.iges à la récolte		2 septembre	4,720	1,313 9
.acines à la récolte		*Idem*	4,259	1,185 1
.egain		....	962	267 8

DÉSIGNATION.		QUANTITÉS LIVRÉES.	QUANTITÉS PAR HECTARE À LA LIVRAISON.	QUANTITÉS PAR HECTARE À L'ÉTAT SEC.
.euilles à la livraison :		kilogr.	kilogr.	kilogr.
.abacs marchands.	Surchoix	50	161 5	116 3
	1re qualité	96	310 2	223 3
	2e qualité	282	911 1	656 0
	3e qualité	430	1,389 3	1,000 3
.abacs non marchands : 1re classe		17	54 9	39 5
.OTAL des feuilles		875	2,827.0	2,035.4

.oici la composition centésimale de la matière sèche pour chacun des produits énu- .és :

DÉSIGNATION.		COMPOSITION CENTÉSIMALE DE LA MATIÈRE SÈCHE. CENDRES.	AZOTE.	ACIDE PHOSPHORIQUE.	POTASSE.	CHAUX.
.eunes plants		33.01	4.66	1.01	8.20	3.11
.euilles d'épamprement		31.02	3.41	0.32	6.55	5.18
.ourgeons	d'écimage	16.25	5.60	1.57	4.45	1.09
	du 1er ébourgeonnage	12.89	4.66	1.28	5.04	1.12
	du 2e ébourgeonnage	18.05	5.32	1.19	5.92	1.71
	du 3e ébourgeonnage	14.51	4.32	0.98	5.36	0.98
.ieds de mauvaise venue		22.27	2.82	0.57	5.93	2.72
.iges		10.58	2.38	0.50	4.09	1.10
.acines		9.24	1.37	0.36	1.47	0.62
.euilles mûres : moyenne des diverses qualités.		24.83	2.51	0.47	5.45	6.75
.egain		31.10	5.01	1.48	4.24	2.69

Ces chiffres permettent de calculer les matières fertilisantes empruntées au sol par hectare pour les 27,838 pieds pris en charge, en tenant compte des 1,244 pieds de mauvaise venue, pesant 13 kilogr. 3 et des 29,082 jeunes plants, pesant 18 kilogr. 3.

DÉSIGNATION.	MATIÈRES FERTILISANTES EMPRUNTÉES AU SOL PAR HECTARE.			
	AZOTE.	ACIDE PHOSPHORIQUE.	POTASSE.	CHAUX.
	kilogr.	kilogr.	kilogr.	kilogr.
Feuilles d'épamprement	12 378	1 162	23 776	18 803
Bourgeons. d'écimage	1 327	0 372	1 055	0 258
Bourgeons. du 1er ébourgeonnage	3 672	1 009	3 971	0 882
Bourgeons. du 2e ébourgeonnage	1 362	0 305	1 515	0 438
Bourgeons. du 3e ébourgeonnage	3 357	0 761	4 165	0 761
Pieds de mauvaise venue	0 375	0 076	0 789	0 362
Tiges	31 271	6 569	53 738	14 453
Racines	16 236	4 266	17 421	7 348
Feuilles mûres	51 088	9 566	110 929	137 389
Regain	13 417	3 963	11 355	7 204
TOTAL	134 483	28 049	228 714	187 898
A DÉDUIRE, jeunes plants	0 853	0 185	1 501	0 569
MATIÈRES FERTILISANTES empruntées au sol par hectare	133 630	27 854	227 213	187 329

Les chiffres se rapportant aux feuilles sont les suivants :

Azote	51 kilogr.
Acide phosphorique	9
Potasse	111
Chaux	137

Nous consignons dans le tableau ci-dessous les résultats obtenus par M. Rochet, pendant les huit dernières années.

ANNÉES.	SURFACE PLANTÉE.	NOMBRE DE PIEDS				NOMBRE		PRIX MOYEN des 100 kilogrammes.	PRODUIT PAR HECTARE	
		PLANTÉS.	MANQUANTS au 1er inventaire	DÉTRUITS au 2e inventaire.	RESTANT en charge.	de FEUILLES par plant.	de FEUILLES au kilogramme.		en POIDS.	en ARGENT.
	a. c.							fr. c.	kilogr.	francs.
1891	56 61	20,226	4,527	1,628	14,071	8.16	155	87 31	1,298	1,112
1892	54 21	19,371	3,188	977	15,206	8.77	111	84 01	2,178	1,803
1893	51 74	18,001	1,879	1,997	14,125	8.18	147	88 27	1,486	1,288
1894	48 29	17,258	1,618	367	15,273	6.93	139	78 06	1,550	1,202
1895	46 21	16,512	959	810	14,743	8.40	237	71 08	1,101	764
1896	30 95	11,057	2,056	385	8,616	8.99	87	106 45	2,827	3,009
1897	35 84	12,803	347	206	12,250	9.28	117	111 64	2,653	2,962
1898	43 29	15,467	1,423	613	13,431	9.09	189	124 40	1,556	1,936

1896, le rendement a donc été très supérieur à la moyenne des années précé-
s.

fin, en nous reportant aux documents du tableau de la page 53, relatifs aux
ats de la culture pour l'ensemble du département, pendant les huit dernières
s, nous voyons que M. Rochet obtient, en général, des rendements supérieurs à
yenne: le produit par hectare en argent est particulièrement élevé.

Rochet emploie, en plus de la fumure verte, 45,000 kilogrammes de fumier et
kilogrammes de tourteau de colza, par hectare.

s fumures apportent les quantités suivantes d'éléments fertilisants, par hectare :

	AZOTE.		ACIDE PHOSPHORIQUE.		POTASSE.	
	P. 100.	TOTAL.	P. 100.	TOTAL.	P. 100.	TOTAL.
		kilogr.		kilogr.		kilogr.
nure verte	//	90	//	25	//	80
000 kilogrammes de fumier	0.60	270	0.50	225	0.70	315
750 kilogrammes de tourteau de colza	6.00	45	2.00	15	1.20	9
TOTAUX		305		265		404

ettons en présence de ces chiffres, ceux de l'exportation :

	AZOTE.	ACIDE PHOSPHORIQUE.	POTASSE.
	kilogr.	kilogr.	kilogr.
Apporté par la fumure	305	265	404
Emprunté au sol	133	27	227

s fumures sont plus élevées certainement que celles usitées dans la région; c'est
i explique les résultats élevés obtenus par notre collaborateur.

ous avons, en 1897, effectué les mêmes observations chez le même agriculteur, en
le comparer la culture ordinaire à la culture des porte-graines. On en trouvera le
l page 97. Nous donnons ici le résumé de nos résultats, pour ce qui concerne
lture ordinaire.

ec une production de 2,653 kilogrammes de feuilles, représentant un poids sec
,910 kilogrammes, l'emprunt de matières fertilisantes au sol a été de :

	kilogr.
Azote	145
Acide phosphorique	27
Potasse	241
Chaux	161

n voit qu'il y a, pour une production d'ailleurs sensiblement égale, une grande
ordance entre les résultats obtenus dans ces deux années consécutives.

DÉPARTEMENT DU LOT-ET-GARONNE.

Le département du Lot-et-Garonne cultive le tabac sur une surf..ce totale 3,418 hectares, dont 1,061 hectares en tabac à fumer, planté dans 41 commune 37 de l'arrondissement de Marmande et 4 de celui de Villeneuve. Il occupe le pr mier rang pour l'importance de sa culture totale.

Voici, pour les huit dernières années, les documents relatifs à la répartition et l'état de cette culture dans ce département, qui est le seul cultivant à la fois le tab à fumer (Paraguay) et le tabac à priser (Auriac).

Ces renseignements nous ont été obligeamment adressés par M. Villiet, directe des Manufactures à Tonneins.

VARIÉTÉS	ANNÉES.	ARRONDISSEMENTS.	NOMBRE de PLANTEURS.	NOMBRE de PIÈCES.	CONSISTANCE des PLANTATIONS.	NOMBRE DE PIEDS PAR HECTARE plantés.	NOMBRE DE PIEDS PAR HECTARE restant en charge.	NOMBRE DE PIEDS PAR HECTARE manquants ou détruits	NOMBRE de FEUILLES par plant.	NOMBRE de FEUILLES au kilogr.	PRIX MOYEN par 100 kilogr.	PRODUIT MOYEN PAR HECTARE en POIDS.	PRODUIT MOYEN PAR HECTARE en ARGENT
					hect. a. c.						fr. c.	kilogr.	francs
Auriac...	1891.	....	3,608	10,374	2,326 37 »	11,516	9,846	1,670	9.00	121	93 97	724	67[illegible]
Paraguay.			2,644	6,680	1,023 89 »	31,340	24,955	8,385	8.33	153	89 44	1,354	1,19[illegible]
Auriac...	1892.	....	3,559	10,322	2,318 00 »	11.545	10,237	1,308	8.91	104	95 14	823	77[illegible]
Paraguay.			2,537	6,592	1,019 06 »	31,213	25,292	5,921	8.23	129	93 52	1,668	1.54[illegible]
Auriac...	1893.	....	3,523	10,345	2,275 03 »	11.528	9.207	2,321	8.82	127	91 18	627	56[illegible]
Paraguay.			2,453	6,476	1,003 27 »	31,219	23,713	7,506	8.00	146	90 03	1,269	1,13[illegible]
Auriac...	1894.	....	3,514	10.636	2,334 59 »	11.497	10,125	1,372	8.94	112	97 03	801	77[illegible]
Paraguay.			2,459	6,694	1,032 33 »	31,226	25,787	5,439	8.15	134	92 93	1,550	1,43[illegible]
Auriac...	1895.	....	3,500	10,732	2,339 84 »	11,465	10.399	1,066	8.95	128	101 03	722	72[illegible]
Paraguay.			2,491	6,739	1,049 06 »	31,163	26,472	4,691	8.11	161	96 75	1,299	1,25[illegible]
Auriac...	1896.	....	3,550	11,019	2,354 55 »	11,447	9.845	1,602	9.04	102	96 93	863	83[illegible]
Paraguay.			2,538	6,875	1,058 37 »	31,121	26,191	4,930	8.29	123	90 27	1,750	1,57[illegible]
Auriac...	1897.	....	3,447	10,999	2,333 80 »	11,421	9,945	1,476	8.98	101	97 52	835	83[illegible]
Paraguay.			2,513	7,119	1,051 13 »	31,199	26,967	4,232	8.23	121	105 49	1,823	1,9[illegible]
Auriac...		Agen. ...	722	2,717	631 81 »	11,427	9,474	1,953	9.12	105	98 21	787	77[illegible]
Paraguay.			»	»	»	»	»	»	»	»	»	»	»
Auriac...		Marmande	1,954	5,800	1,238 26 »	11,455	10,291	1,164	8.88	97	97 91	941	92[illegible]
Paraguay.			2,499	7,081	1,045 45 »	31,199	26,973	4,226	8.23	121	105 53	1,827	1,92[illegible]
Auriac...		Nérac. ...	771	2,482	463 72 »	11,323	9.636	1,657	9,08	110	95 13	720	68[illegible]
Paraguay.			»	»	»	»	»	»	»	»	»	»	»
Auriac...		Villeneuve.	»	»	»	»	»	»	»	»	»	»	»
Paraguay.			14	38	5 68 »	31,176	25,916	5,260	8.06	190	95 11	1,095	1,04[illegible]
Moyennes pour le départ[t] en 1898.		Auriac...	3,487	11,871	2,357 54 »	11,415	8.937	2,478	8.83	176	100 16	446	446
		Paraguay.	2,600	7,488	1,061 41 »	31,213	23,689	7,524	8.16	204	99 11	945	935

ı surface cultivée en tabac à fumer est de 1,060 hectares environ, représentant oximativement le tiers de la surface totale consacrée au tabac dans le département.

ı variété destinée à la fabrication du tabac à fumer est le Paraguay; celle destinée poudre est l'Auriac. Mais il n'est pas fait de distinction des terres réservées à ou l'autre de ces variétés; toutefois, les communes possédant plus particulière- t des terrains légers sont de préférence autorisées à cultiver le Paraguay.

'après le tableau précédent, on voit que le nombre de pieds plantés à l'hectare est viron 31,000 pour le Paraguay et de 11,000 seulement pour l'Auriac.

our le département, la moyenne de la surface cultivée par chaque planteur est de ıres 1; celle de chaque pièce est de 17 ares 6.

our la variété Paraguay, qui nous occupe actuellement, la moyenne de la sur- cultivée par chaque planteur est de 40 ares 8.

a moyenne de chaque pièce est de 14 ares 1.

a culture du tabac se fait le long de la Garonne, de Port-Sainte-Marie à Meilhan, les deux rives du fleuve et dans ses alluvions. Fécondées par le limon qu'y dé- nt périodiquement les inondations, ces terres alluvionnaires argilo-siliceuses nissent des tabacs très développés, mais de qualité médiocre, qui représentent à près le tiers de la production du département. C'est dans un sol de ce genre que ouve l'un de nos champs d'expériences, celui de Meilhan.

a culture s'étend ensuite, au delà des alluvions de la Garonne et sur sa rive droite, les terrains silico-argileux, argileux ou argilo-siliceux du plateau d'Aiguillon, où ouve notre second champ d'expériences; puis dans les coteaux calcaires de Nicole, neins, etc., dans les plaines siliceuses ou silico-argileuses de Fauillet, Fauge- s, Longueville, Saint-Pardoux, Marmande, Saint-Bazeille, Saint-Martin, etc., et les mamelons de même composition de Birac, Virazeil, Beaupuy, etc., qui pro- ent un tiers au moins de l'approvisionnement du département.

ous ces terrains donnent de bons tabacs; mais ceux qui proviennent des sols sili- se font plus particulièrement remarquer par leur excellente qualité.

ur la rive gauche de la Garonne, les alluvions franchies, la culture se propage ement dans les terres argilo-calcaires (boulbènes) du vaste plateau qui, partant de garolles, se termine à Sainte-Marthe, en passant par Damazan, Puch, Calonges, las, Caumont, etc.; ces boulbènes produisent des tabacs d'assez bonne qualité. nfin, elle se répand encore dans les alluvions du Lot et du Dropt qui, plus sili- ses que celles de la Garonne, donnent des produits plus fins et plus estimés; la duction de la vallée du Dropt est d'ailleurs très peu importante.

'Administration des tabacs a eu l'obligeance de nous procurer quelques types de terrains :

° Pour les alluvions de la Garonne, chez M. Cardonne, à Meilhan; 2° pour les es du plateau d'Aiguillon, chez M. Charpentier, à Aiguillon; 3° pour le plateau Nicole, chez M. Cadays, à Nicole; 4° pour les plaines siliceuses, chez M. Laubie, auillet; 5° enfin pour les terres représentant la vallée du Lot, chez M. Dugau, à uillon.

Voici la composition de ces divers échantillons :

DÉSIGNATION.	POUR 1,000 DE TERRE FINE SÈCHE (1).			
	AZOTE.	ACIDE PHOSPHORIQUE.	POTASSE.	CARBONATE DE CHAUX.
Meilhan, M. Cardonne	0.862	1.188	1.898	216.0
Aiguillon, M. Charpentier	0.594	0.924	1.710	4.5
Nicole, M. Cadays	0.587	1.166	3.281	62.5
Fauillet, M. Laubie	0.508	0.722	1.034	0.4
Aiguillon, M. Dugau	0.696	1.331	2.322	5.5

(1) Ces échantillons ne contenaient pas de proportions appréciables de cailloux.

On voit que la fertilité naturelle de ces terres est plutôt faible, surtout en azote.

L'assolement le plus généralement suivi est l'assolement biennal, tabac-blé; généralement, après la récolte de blé, la terre est ensemencée de navets ou de raves, qui sont donnés en nourriture aux bestiaux et de légumineuses diverses, dont la majeure partie est enfouie comme engrais vert.

Il n'y a rien de particulier à dire sur les façons culturales et les soins d'entretien qui sont exécutés par des métayers et auxquels s'appliquent les observations que nous avons signalées pour le département de la Dordogne et, en général, pour tous les pays à métayage du Sud-Ouest.

Les fumures consistent le plus souvent en fumier de ferme, donné parcimonieusement, et qu'on répand de bonne heure, soit avant l'hiver, soit vers le mois de mars ou d'avril. Au moment de la transplantation, on ajoute souvent des tourteaux, généralement des tourteaux de navette, de colza ou d'arachide, à la dose d'environ 500 kilogrammes à l'hectare.

Enfin, l'usage des engrais verts est très répandu dans le département; ils sont employés concurremment avec les fumures précédentes ou quelquefois exclusivement par beaucoup de cultivateurs à court de fumier ou qui veulent réserver celui-ci à d'autres cultures. On utilise de préférence à cet effet la jarosse ou le trèfle, quelquefois la moutarde et le lupin.

Pour la récolte, le pied est coupé au ras du sol et porté au séchoir, où il est suspendu à des fils de fer ou à des cordes.

Les souches sont enfouies avec le regain; quelquefois le cultivateur les enlève pour les transporter au fumier ou sur les prés. Les tiges sont, en général, mises sur les prairies.

Nous avons choisi, dans le département du Lot-et-Garonne, deux champs d'expériences correspondant l'un à la culture du tabac à fumer, et l'autre à celle du tabac pour la poudre; le premier chez M. Jarousse de Sillac, à Meilhan; le second, chez M. Alfred Charpentier, à Aiguillon.

CULTURE DU PARAGUAY. — RÉSULTATS DES EXPÉRIENCES.

M. Cardonne, régisseur de M. Jarousse de Sillac, a surveillé avec le plus grand soin les expériences et nous a prêté un précieux concours.

e sol de la plantation a la composition suivante, pour 1,000 de terre fine sèche :

Azote	0.862
Acide phosphorique	1.188
Potasse	1.898
Carbonate de chaux	216.000

'une richesse plutôt faible en azote, ce sol est riche en acide phosphorique et en sse ; il est, en outre, calcaire.

ous réunissons ci-dessous les documents relatifs à l'ensemble des plantations ré- ies entre plusieurs métayers :

Surface plantée		2 hect. 32 26	
Nombre de pieds	primitivement plantés	72,000	soit 31,000 par hectare.
	manquants	5,716	2,461
	détruits	2,693	1,160
	restant en charge	63,591	27,379

e tableau suivant donne la série des diverses opérations (nettoiement, épampre- t, écimage, ébourgeonnages, etc.), les dates auxquelles elles ont été effectuées, les s secs des produits enlevés sur les 100 pieds en expérience et ces poids rapportés ectare.

DÉSIGNATION.		DATES des OPÉRATIONS.	POIDS SECS pour les 100 pieds en expérience.	POIDS SECS pour les 27.379 pieds à l'hectare.
			grammes.	kilogr.
uilles	de nettoiement	24 juillet	520 0	142 4
	d'épamprement	31 juillet	650 0	178 0
urgeons	d'écimage	31 juillet	70 8	19 4
	du 1er ébourgeonnage	19 août	800 0	219 0
	du 2e ébourgeonnage	8 septembre	507 0	138 8
ges à la récolte		19 septembre	3,975 0	1,088 3
cines à la récolte		*Idem*	4,837 0	1,324 4
gain		...	913 4	250 1

		QUANTITÉS LIVRÉES.	QUANTITÉS PAR HECTARE. À LA LIVRAISON.	QUANTITÉS PAR HECTARE. À L'ÉTAT SEC.
euilles à la livraison :		kilogr.	kilogr.	kilogr.
abacs marchands	Surchoix	50	21 5	16 1
	1re qualité	215	92 6	69 4
	2e qualité	245	105 5	79 1
	3e qualité	1,362	586 4	439 8
abacs non marchands	1re classe	1,263	543 8	407 8
	2e classe	1,636	704 4	528 3
	3e classe	319	137 3	103 0
OTAL des feuilles		5,090	2,191 5	1,643 5

Voici la composition centésimale de ces divers produits, considérés à l'état sec :

DÉSIGNATION.	COMPOSITION CENTÉSIMALE DE LA MATIÈRE SÈCHE.				
	CENDRES.	AZOTE.	ACIDE PHOSPHORIQUE.	POTASSE.	CHAUX.
Jeunes plants	28.10	3.63	1.09	7.45	3.05
Feuilles, de nettoiement	32.13	3.63	0.43	7.10	6.02
Feuilles, d'épamprement	26.36	4.26	0.53	7.35	5.66
Bourgeons, d'écimage	15.84	6.50	2.10	5.97	0.98
Bourgeons, du 1er ébourgeonnage	15.65	5.76	1.52	6.72	1.62
Bourgeons, du 2e ébourgeonnage	16.07	5.32	1.22	6.59	1.26
Pieds de mauvaise venue	21.37	3.69	0.67	6.45	3.81
Tiges	9.33	2.82	0.60	3.69	1.34
Racines	9.55	1.50	0.41	1.76	1.32
Feuilles mûres, 1re qualité et surchoix	24.90	3.15	0.52	6.88	6.72
Feuilles mûres, 2e qualité	25.77	3.25	0.50	7.22	6.94
Feuilles mûres, 3e qualité	25.81	3.22	0.48	6.39	6.63
Feuilles mûres, Tabacs non marchands (moyenne)	24.91	2.79	0.41	6.49	7.28
Regain	33.10	4.24	0.91	4.17	3.89

Nous pouvons, à l'aide de ces données, dresser le tableau des matières fertilisant empruntées à 1 hectare de sol par les 27,379 pieds pris en charge, qui ont réelle ment occupé le terrain pendant toute la période culturale, en tenant compte, comm nous l'avons expliqué, des 1160 pieds détruits au deuxième inventaire, pesa 32 kilogr. 9 et des 28,539 jeunes plants poussés en pépinière et pesant 27 kilogr.

DÉSIGNATION.	MATIÈRES FERTILISANTES EMPRUNTÉES AU SOL PAR HECTARE.			
	AZOTE.	ACIDE PHOSPHORIQUE.	POTASSE.	CHAUX.
	kilogr.	kilogr.	kilogr.	kilogr.
Feuilles, de nettoiement	5 169	0 612	10 110	8 572
Feuilles, d'épamprement	7 583	0 943	13 083	10 075
Bourgeons, d'écimage	1 261	0 407	1 158	0 190
Bourgeons, du 1er ébourgeonnage	12 614	3 329	14 717	3 548
Bourgeons, du 2e ébourgeonnage	7 384	1 693	9 147	1 749
Pieds de mauvaise venue	1 214	0 220	2 122	1 253
Tiges	30 690	6 530	40 158	14 583
Racines	19 866	5 430	23 309	17 482
Feuilles mûres, 1re qualité et surchoix	2 693	0 445	5 882	5 746
Feuilles mûres, 2e qualité	2 571	0 395	5 711	5 489
Feuilles mûres, 3e qualité	14 162	2 111	28 103	29 291
Feuilles mûres, Tabacs non marchands	28 991	4 260	67 438	75 646
Regain	10 604	2 276	10 429	9 729
TOTAL	144 802	28 651	231 367	183 353
A DÉDUIRE, jeunes plants	0 991	0 298	2 034	0 833
MATIÈRES FERTILISANTES empruntées au sol par hectare	143 811	28 353	229 333	182 520

exportation proprement dite par les feuilles est la suivante :

	kilogr.
Azote	48
Acide phosphorique	7
Potasse	107
Chaux	116

tableau suivant réunit les rendements obtenus par notre collaborateur pendant uit dernières années.

ANNÉES.	SURFACE PLANTÉE.	NOMBRE DE PIEDS				NOMBRE		PRIX MOYEN des 100 kil.	PRODUIT par HECTARE.	
		PLANTÉS.	MANQUANTS au 1er inventaire.	DÉTRUITS au 2e inventaire.	RESTANT en charge.	de FEUILLES par plant.	de FEUILLES au kilogr.		en POIDS.	en ARGENT.
	h. a. c.							fr. c.	kilogr.	francs.
91	0 86 65	30,600	6,948	1,102	22,550	8.73	135	94 89	1,664	1,579
92	0 89 51	30,600	2,492	1,337	26,771	9.00	114	96 50	2,325	2,244
93	1 65 07	53,126	9,098	7,848	36,180	8.57	142	75 96	1,300	958
94	2 26 61	71,962	9,073	2,932	59,957	9.00	106	98 72	2,220	2,192
95	2 25 46	72,000	2,930	3,228	65,842	8.84	126	100 75	2,031	2,035
96	2 32 26	72,000	5,716	2,693	63,591	9.00	103	72 12 (grêle)	2,191	1,580
97	2 32 45	72,000	12,263	3,933	55,804	8.99	102	109 06	2,099	2,290
98	2 28 13	72,000	8,415	4,671	58,914	8.34	169	104 52	1,263	1,320

n voit que l'année 1896 est une année moyenne, plutôt un peu faible.
, d'autre part, nous jetons un coup d'œil sur le tableau de la page 58, nous ns que les rendements de notre collaborateur sont notablement supérieurs aux rendents moyens de l'ensemble du département.
n effet, pour obtenir la récolte de tabac, on a employé par hectare des fumures coup plus élevées que celles généralement utilisées dans la région, soit 42,000 kilommes de fumier et 600 kilogrammes de tourteau, apportant au sol les quantités ntes d'éléments fertilisants :

	AZOTE.		ACIDE PHOSPHORIQUE.		POTASSE.	
	P. 100.	TOTAL.	P. 100.	TOTAL.	P. 100.	TOTAL.
		kilogr.		kilogr.		kilogr.
,000 kilogr. de fumier	0.50	210	0.40	168	0.60	252 0
,000 kilogr. de tourteau	5.50	33	2.00	12	1.30	7 8
TOTAUX	"	243	"	180	"	259 8

En mettant en présence de ces chiffres ceux de l'exportation, on a :

	AZOTE.	ACIDE PHOSPHORIQUE.	POTASSE.
	kilogr.	kilogr.	kilogr.
Apporté par la fumure	243	180	260
Emprunté au sol	143	28	230

On voit qu'il y a un excédent notable d'azote et d'acide phosphorique; cet excéde est nécessaire pour produire d'aussi abondantes récoltes dans des sols relativeme pauvres.

II. — TABAC À PRISER.

Le tabac à priser se distingue nettement du tabac à fumer : ses feuilles n'ont p besoin d'avoir la finesse, l'élasticité, la légèreté des feuilles du tabac à fumer, ni d'ê combustibles comme celles du précédent; par contre, il doit être riche en nicotine posséder des qualités de force et de montant.

Il s'ensuit que les précautions à prendre pour sa culture sont moins minutieus la qualité du sol, la nature et l'abondance des fumures offrent moins d'importance en somme, le tabac à priser, dont les variétés se rapportent à celles de Virginie et Hollande, est plus facile à produire que le tabac à fumer.

Cette sorte de tabac a deux destinations : la fabrication des poudres à priser et ce des carottes et des rôles à mâcher.

Les chiffres suivants donnent la proportion de la vente de ces produits pour l'a née 1897.

DÉSIGNATION.	VENTE DE TABACS FABRIQUÉS.		TAUX POUR 100.	
	QUANTITÉS.	PRODUIT.	QUANTITÉS.	PRODUIT.
	kilogrammes.	francs.		
Poudres	4,954,095	56,127,184	13.25	14 20
Rôles	597,104	7,294,151	1.60	1 85
Carottes	532,122	6,118,836	1.42	1 55

On voit d'après ces chiffres, que le tabac à mâcher entre seulement pour 3 p. 1 dans le total des ventes; les poudres figurent pour les 13 centièmes, alors qu'à la du siècle dernier, elles entraient dans la consommation pour environ les 90 centième a diminution dans la vente de ces poudres continue encore actuellement comme iquent les chiffres suivants :

ANNÉES.	TAUX POUR 100.					
	POUDRES.		RÔLES.		CAROTTES.	
	QUANTITÉS.	PRODUIT.	QUANTITÉS.	PRODUIT.	QUANTITÉS.	PRODUIT.
61	25.80	28.50	1.90	1.85	1.58	1.85
70	24.95	27.37	2.35	2.15	1.49	1.73
80	20.53	22.90	2.20	2.49	1.51	1.70
90	15.85	17.60	1.98	2.32	1.40	1.56
95	14.41	15.63	1.76	2.03	1.39	1.53
97	13.25	14.20	1.60	1.85	1.42	1.55

i l'on rapproche le chiffre de la consommation actuelle du tabac à priser et à chi- r (6,083,321 kilogrammes) du chiffre de la production des quatre départements ivant ce tabac (7,341,665 kilogrammes), on voit qu'il y a un léger excédent. Mais onvient de dire qu'une petite partie du tabac produit dans ces départements, dans ord principalement, sert à la fabrication des tabacs à fumer à prix réduit (scafer- de zone, d'hospice et de troupe). Pour le tabac à priser et à chiquer, il faut aussi ourir aux mélanges avec des tabacs exotiques, particulièrement avec les tabacs de inie, pour obtenir une qualité satisfaisant le goût des consommateurs. A part cette légère importation, la France suffit largement à sa consommation.

Quoique cultivé dans quatre départements seulement, la superficie qu'il occupe est z grande, représentant 5,697 hectares, soit 34.5 p. 100 de la superficie totale et roduit représente 27.7 p. 100 de la production totale. L'Administration sait les ntités de tabac à priser qui lui sont nécessaires pour alimenter sa fabrication; elle demande aux départements les moins aptes à produire du tabac à fumer.

La culture du tabac à priser diffère de celle du tabac à fumer par le choix variétés d'abord, mais surtout par l'écartement des pieds. Tandis que pour le tabac mer les plants sont très rapprochés, soit de 30,000 à 40,000 pieds par hectare, rtement des plants est plus considérable pour le tabac à priser (exception faite r le Nord); la plante végétant plus librement développe des feuilles plus nourries, corsées, d'une richesse plus grande en nicotine, et, comme on le voit dans le eau statistique de la page 13, ces feuilles sont plus pesantes.

Des faits analogues se rencontrent dans d'autres cultures où, en dehors du choix de ariété, le rapprochement des plants modifie si profondément la nature et la qua- des produits (vigne, betteraves sucrière et fourragère, etc.)

Nous avons étudié les conditions de culture du tabac à priser dans les quatre dé- tements où il est cultivé ; nous allons successivement les passer en revue.

I. — RÉGION DU NORD.

DÉPARTEMENT DU NORD.

Le département du Nord cultive actuellement le tabac sur une surface de 500 he tares environ, dans 45 communes de l'arrondissement de Lille et dans 9 commun de celui d'Hazebrouck. Il occupe le 9e rang pour l'étendue de ses plantations. Si surface cultivée est relativement peu étendue, le produit de ce département n'en e pas moins très important, grâce à ses rendements élevés.

Voici, pour les huit dernières années, les documents relatifs à la répartition et l'état de cette culture dans ce département. Ils nous ont été communiqués avec bea coup d'obligeance par M. Gerbet, directeur des Manufactures de l'État à Lille.

ANNÉES.	ARRONDISSEMENTS.	NOMBRE de PLANTEURS.	NOMBRE de PIÈCES.	CONSISTANCE des PLANTATIONS.	NOMBRE DE PIEDS PAR HECTARE plantés.	NOMBRE DE PIEDS PAR HECTARE restant en charge.	NOMBRE DE PIEDS PAR HECTARE manquants ou détruits.	NOMBRE de FEUILLES par plant.	NOMBRE de FEUILLES au kilogr.	PRIX MOYEN par 100 kilogr.	PRODUIT MOYEN PAR HECTARE en POIDS.	PRODUIT MOYEN PAR HECTARE en ARGENT
				ha. a. c.						fr. c.	kilogr.	francs.
1891		670	1,029	526 88 »	43,344	42,104	1,240	7.96	107	77 49	3,028	2,343
1892		625	963	510 72 »	43,005	41,187	1,818	7.96	114	78 55	2,785	2,178
1893		590	888	480 96 »	42,725	40,130	2,595	7.93	108	79 37	2,878	2,269
1894		578	908	467 40 »	42,815	41,470	1,345	7.87	111	73 42	2,857	2,089
1895		583	917	479 86 »	42,900	41,730	1,170	7.88	100	81 35	3,187	2,591
1896		605	988	517 47 »	42,971	41,644	1,327	7.84	118	81 28	2,696	2,189
1897		622	1,065	533 93 »	42,963	41,986	977	7.84	102	73 62	3,135	2,460
1898	Lille	523	869	456 64 »	43,164	42,017	1,147	7.80	118	79 26	2,707	2,141
	Hazebrouck	78	133	45 57 »	42,214	39,926	2,288	8 04	130	80 67	2,408	1,939
TOTAUX ET MOYENNES pour 1898.		601	1,002	502 21 »	43,078	41,827	1,251	7.82	119	79 38	2,680	2,123

Chaque planteur cultive une assez grande surface, soit 83 ares 5 et les pièces so relativement grandes, soit de 50 ares. La plupart des planteurs de tabac du Nord, en particulier ceux de l'arrondissement de Lille, appartiennent à la petite ou à moyenne culture; ceux de la petite font souvent le travail eux-mêmes; ceux de moyenne font faire le travail à façon.

D'après des renseignements extraits d'une intéressante monographie du départeme du Nord, publiée par M. Comon, inspecteur de l'agriculture, l'ouvrier à tabac fai e d'une catégorie spéciale que l'on trouve principalement dans l'arrondissement ille; il possède ou loue 1 hectare de terres pour y cultiver les plantes et les lé-s nécessaires à sa consommation et il entreprend, avec le concours de sa femme ses enfants, une culture de tabac d'un hectare environ pour son cultivateur. Toute mille est occupée, pendant quatre mois d'été et deux mois d'hiver, aux soins à er à ce tabac et reçoit pour sa rémunération le tiers du produit argent de la ré-, c'est-à-dire 700 à 800 francs. Le reste du temps, c'est-à-dire pendant six mois, rier est employé comme journalier chez le cultivateur.

s familles d'entrepreneurs de tabac sont toujours des familles très laborieuses; elles diminuent de nombre, car, dans l'arrondissement de Lille, les industries es surtout offrent un travail plus régulier, plus facile et souvent plus rémunéra-Il en résulte que la moyenne et la grande culture cultivent de moins en moins bac.

autorisation de cultiver le tabac est, comme on l'a vu, accordée dans le départe- du Nord à un très petit nombre de communes des arrondissements de Lille et zebrouck.

s deux régions, peu éloignées l'une de l'autre, sont, d'une manière générale, o-siliceuses; on n'y rencontre pas de sols calcaires. Ce n'est que par les propor- relatives d'argile et de sable qu'on peut établir certaines différenciations et c'est re plus sur les qualités physiques du sol, ténacité, perméabilité, etc., que ces ictions peuvent porter.

n peut, par exemple, distinguer:

Le groupe des environs de Comines, dont la culture produit les meilleurs tabacs; erres y sont argilo-siliceuses. Cette région, située au nord et au nord-ouest de , dans le canton de Quesnoy-sur-Deule, est constituée par une couche de limon ernaire.

Le groupe qui s'étend de Vambrechies au Pas-de-Calais est également formé e limon quaternaire; mais celui-ci est plus argileux que celui des environs de ines et donne des sols presque glaiseux, fournissant un tabac très fin et très .

Une zone analogue à la précédente, aux environs du Maisnil, est encore plus ique et fournit des sols plus glaiseux, produisant un tabac très voisin du précé-. Elle est d'ailleurs en partie recouverte de limon.

Le groupe des environs de Marquillies, qui repose sur l'étage «des sables et tuf- glauconieux de Valenciennes», est recouvert par les limons et graviers anciens des es, argilo-sableux. Le tabac se rapproche, comme qualité, de celui de Comines; cultive la variété dite «Dragon Vert».

Enfin, dans l'arrondissement d'Hazebrouck, les terres sont formées presque exclu-ment par les alluvions modernes, argileuses, sans être cependant glaiseuses; on y ve également la variété Dragon Vert.

ous nous sommes procuré des échantillons des sols représentant bien le type moyen es diverses natures de terres; à Comines et à Verlinghem, pour le limon quater-e; à Marquillies, pour le limon ancien des vallées; à Steenwerck, pour les allu-s modernes de l'arrondissement d'Hazebrouck.

Voici la composition de ces divers sols :

DÉSIGNATION.		POUR 1,000 DE TERRE FINE SÈCHE[1].			
		AZOTE.	ACIDE PHOSPHORIQUE.	POTASSE.	CARBONAT DE CHAUX.
Comines (M. H. Rembry.).	N° 1. Sol..........	1.751	1.692	2.136	12.2
	N° 2. Sol..........	1.514	1.102	1.864	10.2
Verlinghem (M. Ghestem)...	Sol................	1.445	1.120	1.780	22.5
Marquillies (M. Bourrel)....	Sol...............	1.084	1.346	2.220	14.0
Steenwerck, (M. Huchette)..	Sol...............	1,240	1.139	1.831	14.8

[1] Ces échantillons ne renfermaient pas des proportions appréciables de cailloux.

Ces terres sont toutes riches en principes fertilisants; leur composition naturelle été sans doute modifiée par les fumures abondantes qu'on y distribue depuis longtemp

Les tabacs du Nord, utilisés dans la fabrication de la poudre à priser et dans ce des rôles à mâcher, sauf les feuilles basses qui entrent dans les tabacs de zone, doive posséder des qualités de montant, d'arome, d'onctuosité et de richesse en nicotine, q l'on ne demande pas aux feuilles destinées à la fabrication des cigares et des scaferlati

La variété cultivée a également son importance; par l'ensemble de ses qualités, tabac Philippin est supérieur au Dragon Vert. D'après les observations de l'Adm nistration des tabacs, celui-ci fournit actuellement des feuilles sensiblement différent du type originel; modifié à dessein par la culture, il tend à se rapprocher, au moi par ses caractères extérieurs, du tabac Philippin, quoique le tissu soit moins fin, moi gras, la côte plus forte, les nervures plus saillantes, les parties ligneuses moins serré et moins denses. Variété plus rustique que le Philippin, le Dragon Vert passe po moins exigeant sous le rapport de l'ameublissement du sol et de la fumure; il se prê à une rotation culturale de plus courte durée et prospère dans les terres ayant fr quemment porté du tabac.

Nous n'insisterons pas sur les façons culturales, qui ne diffèrent d'un département l'autre que par les soins et surtout la régularité qu'on y apporte. Disons seulement q pour le Nord, département de culture intensive par excellence, rien n'est négligé po obtenir les meilleurs résultats.

Le nombre des labours varie suivant que la terre est plus ou moins compacte; e général, on fait trois labours entre lesquels un hersage; dans le cas des terres forte les labours sont plus nombreux; on en pratique parfois jusqu'à cinq.

L'assolement qu'on suit le plus généralement dans le département du Nord est suivant: betteraves, blé, avoine, tabac; souvent on sème dans l'avoine un trèfle q enrichit et nettoie le sol; au tabac succède, le plus souvent, la betterave et quelquefo le lin.

Les planteurs de l'arrondissement de Lille profitent de l'énorme fumure qu'ils em ploient, pour mettre après le tabac des betteraves de distillerie, qui ne reçoivent qu 300 ou 400 kilogrammes de nitrate et ensuite du blé sans engrais, qui verse souven

Les planteurs consacrent au tabac tous leurs fumiers disponibles; la dose varie d 25,000 à 60,000 kilogrammes de fumier bien décomposé par hectare, qu'on enfou alement moitié avant l'hiver et moitié au printemps. A ce fumier on adjoint, en et avril, des tourteaux de graines oléagineuses (colza, pavot, cameline, sésame, etc.), à raison de 6,000 à 10,000 kilogrammes et souvent plus par hectare, yés après avoir été délayés ou à l'état pulvérulent. Ces fortes fumures sont surtout es dans l'arrondissement de Lille; dans celui d'Hazebrouck, elles sont en gé- moins élevées.

se sert également de vinasses de distillerie, très abondantes dans cette région et yées seules ou additionnées soit de fumier, soit de tourteaux. C'est un excellent is, beaucoup plus économique que les tourteaux, mais qui produit un tabac de spéciale; cet inconvénient est peu grave pour des produits destinés à faire des à priser ou à mâcher.

feuilles, détachées de la tige, sont enfilées par la base dans des ficelles qu'on nd à des barres en bois et sont séchées dans des greniers, avec toutes les précau- d'usage.

souches sont immédiatement arrachées, sans qu'on leur laisse le temps de pro- des feuilles de regain, qu'on considère comme épuisant le sol; elles sont enfouies n labour.

RÉSULTATS DES EXPÉRIENCES.

us avons effectué nos expériences chez M. Henri Rembry, cultivateur au hameau eil-Dieu, à Comines-France, qui nous avait été désigné, à juste titre, comme un eur des plus soigneux. Ces expériences ont été faites avec le concours de M. Ha- commis de culture au Quesnoy-sur-Deule.

sol de la plantation est de nature argilo-siliceuse, sans cailloux; on y distingue parties un peu différentes, l'une n° 1, plus compacte que l'autre n° 2.

ici la composition de ces deux échantillons, ainsi que celle des sous-sols corres- nts, prélevés à environ 0 m. 30 de profondeur.

DÉSIGNATION.		POUR 1,000 DE TERRE FINE SÈCHE.			
		AZOTE.	ACIDE PHOSPHORIQUE.	POTASSE.	CARBONATE DE CHAUX.
1.	Sol	1.751	1.692	2.136	12.2
	Sous-sol	1.398	1.308	2.017	13.3
2.	Sol	1.514	1.102	1.864	10.2
	Sous-sol	0.909	0.865	1.881	10.5

est, comme on le voit, un sol peu calcaire, très riche en azote jusqu'à une pro- eur assez grande, riche également en acide phosphorique et en potasse.

us réunissons ci-dessous les documents relatifs à notre champ d'expériences.

Surface plantée		55 ares 19	
Nombre de pieds	primitivement plantés	24,217 soit	43,879 par hectare.
	manquants au 1er inventaire	84	152
	détruits au 2e inventaire	115	208
	restant en charge	24,018	43,518

Le tableau suivant donne la série des diverses opérations (épamprement, écimag[e], ébourgeonnages, etc.), les dates auxquelles elles ont été effectuées, les poids secs [des] produits enlevés sur les 100 pieds moyens en expérience et ces poids rapportés [à] l'hectare.

DÉSIGNATION.	DATES des OPÉRATIONS.	POIDS SECS pour LES 100 PIEDS en expérience.	POIDS SECS pour LES 43,518 PIED[S] à l'hectare.
		grammes.	kilogr.
Feuilles d'épamprement	11 juillet.	614 40	267 4
Bourgeons d'écimage	11 juillet.	16 00	7 0
Bourgeons du 1er ébourgeonnage	28 juillet.	420 25	182 9
Bourgeons du 2e ébourgeonnage	18 août.	530 00	230 6
Bourgeons du 3e ébourgeonnage	4 septembre	101 50	44 2
Tiges à la récolte	4 septembre	760 00	330 7
Racines à la récolte	4 septembre	2,280 00	992 2

	QUANTITÉS LIVRÉES.	QUANTITÉS PAR HECTARE À LA LIVRAISON.	QUANTITÉS PAR HECTARE À L'ÉTAT SEC
Feuilles à la livraison :	kilogr.	kilogr.	kilogr.
Tabacs marchands. Surchoix	150	271 7	206 5
Tabacs marchands. 1re qualité	131	237 3	180 3
Tabacs marchands. 2e qualité	384	695 7	528 7
Tabacs marchands. 3e qualité	398	721 1	548 0
Tabacs non marchands. 1re classe	304	550 8	418 6
Tabacs non marchands. 2e classe	26	47 1	35 8
Tabacs non marchands. 3e classe	52	94 2	71 6
TOTAL des feuilles	1,445	2,617 9	1,989 5

Voici la composition centésimale de la matière sèche pour chacun des produ[its] énumérés :

DÉSIGNATION.	COMPOSITION CENTÉSIMALE DE LA MATIÈRE SÈCHE. CENDRES.	AZOTE.	ACIDE PHOSPHORIQUE.	POTASSE.	CHAUX.
Jeunes plants	28.51	4.05	0.74	5.61	4.20
Feuilles d'épamprement	30.50	3.66	0.52	4.66	8.68
Bourgeons d'écimage	14.15	7.25	2.33	5.54	1.15
Bourgeons du 1er ébourgeonnage	21.95	5.07	1.24	4.73	1.88
Bourgeons du 2e ébourgeonnage	19.65	5.97	1.67	6.13	1.40
Bourgeons du 3e ébourgeonnage	23.80	5.07	1.45	5.50	0.95

DÉSIGNATION.		COMPOSITION CENTÉSIMALE DE LA MATIÈRE SÈCHE.				
		CENDRES.	AZOTE	ACIDE PHOSPHORIQUE.	POTASSE.	CHAUX.
'ieds de mauvaise venue		25.60	4.50	0.79	5.99	3.89
'iges		18.63	3.54	0.82	3.67	4.12
acines		18.27	1.92	0.56	2.28	1.54
'euilles mûres :						
'abacs marchands	Surchoix, 1re qualité	22.90	4.27	0.82	2.92	8.12
	2e qualité	22.73	4.14	0.80	2.85	8.18
	3e qualité	22.91	4.20	0.81	2.82	8.12
'abacs non marchands	1re classe	23.90	3.89	0.67	2.47	8.34
	2e classe	25.50	3.61	0.70	2.01	9.72
	3e classe	26.80	3.38	0.62	2.33	9.38

Avec ces données, nous pouvons dresser le tableau des matières fertilisantes em-
ntées à 1 hectare de sol par les 43,518 pieds qui ont réellement occupé le ter-
n pendant la période culturale, en faisant, comme nous l'avons expliqué, les correc-
ns relatives aux 208 pieds de mauvaise venue détruits au deuxième inventaire, pesant
ilogr. 970 et aux 43,726 jeunes plants poussés en pépinière, pesant 10 kilogr. 2.

DÉSIGNATION.		MATIÈRES FERTILISANTES EMPRUNTÉES AU SOL PAR HECTARE.			
		AZOTE.	ACIDE PHOSPHORIQUE.	POTASSE.	CHAUX.
		kilogr.	kilogr.	kilogr.	kilogr.
'euilles d'épamprement		9 787	1 390	12 461	23 210
Bourgeons	d'écimage	0 507	0 163	0 388	0 080
	du 1er ébourgeonnage	9 273	2 268	8 651	3 438
	du 2e ébourgeonnage	13 767	3 851	14 136	4 381
	du 3e ébourgeonnage	2 241	0 641	2 431	0 420
'ieds de mauvaise venue		0 179	0 031	0 238	0 154
'iges		11 707	2 712	12 137	13 625
Racines		19 050	5 556	22 622	15 280
'euilles mûres	Surchoix, 1re qualité	16 516	3 172	11 294	31 408
	2e qualité	21 888	4 230	15 068	43 248
	3e qualité	23 016	4 439	15 454	44 498
	1re classe	16 283	2 805	10 339	34 911
	2e classe	1 292	0 251	0 719	3 480
	3e classe	2 420	0 444	1 668	6 716
Total		147 926	31 953	127 606	224 849
À déduire, jeunes plants		0 414	0 076	0 574	0 430
Matières fertilisantes empruntées au sol par hectare		147 512	31 877	127 032	224 419

L'exportation par les feuilles, qui seules quittent le domaine, est la suivante :

Azote	81 kilogr.
Acide phosphorique	15
Potasse	54
Chaux	164

Nous devons nous demander si les résultats que nous avons consignés précédemment, se rapportant à l'année 1896, ne se présentent pas comme une exception, en raison de l'influence qu'ont les circonstances météorologiques sur la végétation du tabac.

Le tableau suivant réunit les rendements obtenus par M. Rembry pendant les huit dernières années :

ANNÉES.	SURFACE PLANTÉE.	NOMBRE DE PIEDS				NOMBRE		PRIX MOYEN des 100 kilogr.	PRODUIT PAR HECTARE	
		PLANTÉS.	MANQUANTS au 1er inventaire.	DÉTRUITS au 2e inventaire.	RESTANT en charge.	de FEUILLES par plant.	de FEUILLES au kilogr.		en POIDS.	en ARGENT.
	a. c.							fr. c.	kilogr.	francs.
1891	58 08	26,595	48	220	26,327	8.00	95	92 45	3 727	2,446
1892	61 12	27,337	41	63	27,233	7 96	112	91 11	3 077	2,804
1893	50 98	22,801	36	25	22,740	8.02	103	103 05	3 393	3,512
1894	52 20	23 452	224	448	22,780	8.04	113	95 15	3 093	2,944
1895	53 76	24,048	57	63	23,928	8.04	96	98 86	3 634	3,593
1896	55 19	24,217	84	115	24,018	8.08	132	98 80	2 618	2,587
1897	53 69	23,562	0	42	23,520	8.18	102	91 29	3 414	3,116
1898	55 67	24,898	0	58	24,840	7.84	112	97 52	3 105	3,028

On voit que l'année 1896 est sensiblement au-dessous de la moyenne, la récolte ayant, en effet, beaucoup souffert de la sécheresse.

Voulant, en 1897, comparer la culture des porte-graines et la culture ordinaire nous avons établi des expériences chez le même collaborateur; on en trouvera les détails page 94. Nous ne donnons ici que le résumé des résultats pour la culture ordinaire.

Avec une production de 3,414 kilogrammes de feuilles, représentant un poids sec de 2,612 kilogr. 8, l'emprunt de matières fertilisantes au sol a été de :

Azote	178 kilogr. 8
Acide phosphorique	47 9
Potasse	141 4
Chaux	260 8

La récolte 1897, favorisée par des pluies suffisantes, a été bien supérieure à la précédente; mais la relation entre les rendements en feuilles et la somme des matières fertilisantes empruntées au sol, si elle n'est pas absolue, n'en est pas moins très évidente.

Si nous jetons un coup d'œil sur le tableau de la page 66, nous voyons que la e de notre collaborateur est très bien conduite, puisqu'elle lui permet d'obtenir ésultats toujours supérieurs à ceux de la moyenne du département. Les rende- en poids et en argent se rapprochent des maxima; cela tient aux soins, aux s culturales, aux fumures et à la qualité des produits, qui se classent presque en première catégorie.

ur obtenir sa récolte de tabac, M. Rembry emploie par cent de terre (mesure du représentant 9 ares) environ 10 mètres cubes de fumier mixte à demi consommé, 0,000 kilogrammes par hectare, qu'il enfouit en décembre. Ce fumier avait la osition suivante :

Eau	50.00 p. 100.
Azote	0.90
Acide phosphorique	0.70
Potasse	0.61
Carbonate de chaux	2.30

st, comme on le voit, un fumier très riche.

donne en outre, au commencement de mars, 3,000 kilogrammes par hectare de eau de colza des Indes et, au commencement de mai, 3,000 kilogrammes par re de tourteau de pavot.

appliquant à ces engrais leur composition déduite de l'analyse d'échantillons ns, on voit qu'un hectare de terre reçoit les quantités suivantes de matières fer- ntes :

	AZOTE.		ACIDE PHOSPHORIQUE.		POTASSE.	
	P. 100.	TOTAL.	P. 100	TOTAL.	P. 100	TOTAL.
		kilogr.		kilogr.		kilogr.
00 kilogrammes de fumier	0.90	540	0.70	420	0.60	360
00 kilogrammes de tourteau de colza	5.48	162	1.90	57	1.25	37
00 kilogrammes de tourteau de pavot	5.90	177	2.75	82	2.00	60
TOTAUX	//	879	//	559	//	457

ttons en présence de ces chiffres ceux de l'exportation précédemment établis, us avons :

	AZOTE.	ACIDE PHOSPHORIQUE.	POTASSE.
	kilogr.	kilogr.	kilogr.
Emprunté au sol en 1896	147	31	127
Emprunté au sol en 1897	178	47	141
Apporté par la fumure	879	559	457

n voit qu'il y a un excédent en azote, en acide phosphorique et en potasse consi- ble et la plante, dans ces conditions, donne le maximum de récolte. Il n'est donc pas surprenant qu'on puisse, après le tabac, obtenir une récolte de betteraves, sa autre fumure qu'un peu de nitrate de soude, puis une récolte de blé; encore voit-souvent celle-ci verser au moment de l'épiage. Ce sont ces fortes fumures qui exp quent qu'avec une culture aussi intensive, le sol conserve une richesse telle que ce que nos analyses précédentes ont montrée. Ces fortes fumures sont, comme no l'avons dit plus haut, en usage dans tout le département du Nord et ne sont pas par culières à la culture de notre collaborateur; on s'explique dès lors les hauts rend ments obtenus, sans que les sols manifestent des phénomènes d'épuisement.

Nous avons eu, au cours de ces recherches, l'occasion d'examiner comparativem des échantillons de la variété Philippin et de la variété Dragon Vert, cultivées tou deux côte à côte, sur le même sol et dans les mêmes conditions, par M. Ghestem Verlinghem.

Voici la composition des différentes qualités :

DÉSIGNATION.		CENDRES.	AZOTE.	ACIDE PHOSPHORIQUE.	POTASSE.	CHAUX.
Variété Philippin.	1re qualité	25.42	3.97	0.61	4.98	7.76
	2e qualité	24.22	4.04	0.62	4.11	7.84
	3e qualité	26.21	3.94	0.60	4.46	7.92
	1re classe	28.17	3.58	0.51	4.53	8.68
	2e classe	29.50	3.45	0.40	3.98	9.38
	3e classe	30.20	3.15	0.36	4.41	9.24
Variété Dragon Vert.	1re qualité	22.80	3.97	0.64	4.02	7.56
	2e qualité	24.12	4.10	0.65	3.98	7.92
	3e qualité	24.20	4.04	0.61	4.11	7.98
	1re classe	25.68	2.86	0.60	4.44	8.46
	2e classe	26.80	3.91	0.54	4.26	8.82
	3e classe	26.40	3.84	0.51	4.14	8.88

Il semble, si l'on considère la moyenne des mêmes qualités, que ces deux varié se sont comportées de même vis-à-vis des principes fertilisants du sol, c'est-à-d qu'elles en ont absorbé des quantités sensiblement égales pour un même poids de colte; à ce point de vue, on n'est pas autorisé à dire que telle variété est plus ou mo exigeante que l'autre.

II. — RÉGION DE L'OUEST.

DÉPARTEMENT DE L'ILLE-ET-VILAINE.

e département de l'Ille-et-Vilaine cultive le tabac sur une surface de 775 hectares
s le seul arrondissement de Saint-Malo et dans 31 communes de cet arron-
ement. Il est, par ordre d'importance, le septième parmi les départements produc-
s et c'est le seul des régions ouest et nord-ouest qui se livre à cette culture.
oici, pour les huit dernières années, les documents relatifs à ce département, qui
s ont été obligeamment communiqués par M. Drazey, directeur des Manufactures
État au Mans :

NNÉES.	ARRON-DISSEMENTS.	NOMBRE de PLAN-TEURS.	NOMBRE de PIÈCES.	CONSIS-TANCE des PLAN-TATIONS.	NOMBRE DE PIEDS PAR HECTARE plantés.	restant en charge.	manquants ou détruits.	NOMBRE de FEUILLES par plant.	de FEUILLES au kilogr.	PRIX MOYEN par 100 kilogr.	PRODUIT MOYEN PAR HECTARE en POIDS.	en ARGENT.
				hect. a. c.						fr. c.	kilogr.	francs.
91.......	Saint-Malo....	1,174	1,848	731 50 »	14,686	13,956	730	8.30	71	74 20	1,584	1,175
92.......	*Idem*.........	1,171	1,816	737 26 »	14,715	14,330	385	8.28	76	78 09	1,540	1,201
93.......	*Idem*.........	1,199	1,835	737 84 »	14,726	14,084	624	8.24	76	79 19	1,496	1,184
94.......	*Idem*.........	1,214	1.821	748 73 »	14,729	13,981	148	8.34	75	72 82	1,473	1,072
95.......	*Idem*.........	1,186	1,792	747 94 »	14,742	14,379	363	8.30	70	81 16	1,667	1,352
96.......	*Idem*.........	1,212	1,891	773 78 »	14,718	14,055	663	8.26	81	75 53	1,315	992
97.......	*Idem*.........	1,217	1,901	768 73 »	14.678	14,410	268	8.30	73	80 23	1,610	1,291
98.......	*Idem*.........	1,245	1,938	775 22 »	14,689	14,209	480	8.31	88	79 14	1,321	1,045

Comme dans le Nord, cette culture est concentrée chez un petit nombre de plan-
rs; chacun d'eux cultive en moyenne 62 ares 2; les pièces de terre sont assez
ndes, elles ont en moyenne 40 ares.

Si l'on considère la constitution géologique de l'arrondissement de Saint-Malo, on
que dans toutes les terres où l'on cultive le tabac, la nature géologique est à peu
s la même. Ce sont des schistes à calymènes avec quelques îlots granitiques. La
e est profonde, argileuse, assez compacte; c'est ce qu'on appelle le terrain, par op-
ition au marais. On ne cultive plus le tabac dans le marais, formé d'alluvions ma-
es calcaires et riches en humus, parce qu'on obtenait un produit trop gras, de
siccation et de conservation difficiles. Les 31 communes où le tabac est cultivé
t situées au delà du marais, sur une bande de terrain qui s'étend de la Rance
qu'au Couësnon, et dont la largeur moyenne est d'environ 25 kilomètres.

L'Administration des tabacs a bien voulu nous procurer des échantillons des terres représentant le type de celles où se fait la culture. Voici quelle est leur teneur en pri cipes fertilisants :

DÉSIGNATION.	POUR 1,000 DE TERRE FINE SÈCHE[1].			
	AZOTE.	ACIDE PHOSPHORIQUE.	POTASSE.	CARBONATE de CHAUX.
Saint-Jouan, M. Poirier	1.398	0.662	1.119	7.40
Saint-Servan, M. Écollan	1.186	1.729	1.479	8.60
Baguer-Morvan, M. Contin	1.365	1.316	2.125	8.20
La Boussac { M. Pelé	1.465	1.109	0.935	6.30
La Boussac { Mme vve Martel	1.393	1.542	0.986	11.40
Trans, M. Brisoux	2.164	2.143	1.649	9.80

[1] Ces échantillons ne contenaient pas des proportions appréciables de cailloux.

Tous ces sols ont une richesse en azote élevée; ce qui nous surprend le plus, c'e leur richesse en acide phosphorique, qu'on n'est point habitué à observer dans l terres d'origine schisteuse. C'est par l'abondance des fumures qu'on est arrivé à cet accumulation d'azote et d'acide phosphorique.

Nous trouvons en général un taux élevé de potasse et faible de carbonate de chau ce qui est loin de nous surprendre.

Le tabac entre dans les assolements; les meilleurs agriculteurs ne le font reven sur la même terre que tous les cinq ou six ans. C'est presque toujours sur un défrich ment de trèfle violet (trémaine) ou de trèfle incarnat qu'il est cultivé. Après le taba il est rare qu'on fasse du blé, parce que celui-ci verserait infailliblement; on sèn des betteraves, du colza ou des navets. Voici, d'ailleurs, l'assolement le plus gén ralement suivi : trèfle violet; tabac; betteraves ou rutabaga; blé; céréale de printemp trèfle violet; tabac.

On fume avec une très abondante fumure au fumier de ferme de 150 à 170 mètr cubes à l'hectare, auquel on ajoute des terreaux ou des composts, et qu'on place da les trous où le tabac est repiqué.

On fait quatre à cinq labours.

Les ébourgeonnages sont généralement au nombre de quatre.

Pour la récolte du tabac, on coupe le plant au pied, on le pend sous un sécho jusqu'à ce que le pétiole se détache facilement du tronc; les feuilles sont alors enfilé à travers des ficelles.

La variété cultivée est l'Auriac; le produit est presque exclusivement destiné à l fabrication du tabac à priser et à mâcher, comme dans le département du Nord; mai au lieu de planter à raison de 40,000 pieds par hectare, on ne plante que 14,00 à 15,000 pieds.

RÉSULTATS DES EXPÉRIENCES.

C'est chez M. Eug. Contin, à Baguer-Morvan, un des meilleurs planteurs d'Ill et-Vilaine, que nos expériences ont été établies sous la surveillance de M. Degou contrôleur à Dol, et avec le concours de M. Le Corre, professeur d'agriculture.

e sol de la plantation a la composition suivante, pour 1,000 de terre fine e :

Azote	1.365
Acide phosphorique	1.316
Potasse	2.125
Carbonate de chaux	8.200

'est, comme on le voit, un sol riche en azote, en acide phosphorique et en sse, pauvre seulement en carbonate de chaux, comme les terres schisteuses de ays.

ous résumons dans le tableau ci-dessous les documents relatifs à notre champ périences.

Surface plantée			51 ares 29	
Nombre de pieds	primitivement plantés	7,599	soit 14,815	par hectare.
	manquants	96	187	
	détruits	57	111	
	restant en charge	7,446	14,517	

e tableau suivant donne la série des opérations faites sur la plantation (nettoiement, age, ébourgeonnages, etc.), les dates auxquelles elles ont été effectuées, les poids des produits enlevés sur les 100 pieds en expérience et ces poids rapportés à tare :

DÉSIGNATION.	DATES des OPÉRATIONS.	POIDS SECS pour LES 100 PIEDS en expérience.	POIDS SECS pour LES 14,517 PIEDS à l'hectare.
		grammes.	kilogr.
uilles d'épamprement	25 juillet.	830	120 5
urgeons d'écimage	25 juillet.	19	2 8
urgeons du 1er ébourgeonnage	4 août.	374	54 3
urgeons du 2e ébourgeonnage	11 août.	525	76 2
ges à la récolte	19 août.	2,634	382 4
cines à la récolte	"	7,218	1,047 9
gain	27 août.	786	114 1

	QUANTITÉS LIVRÉES.	QUANTITÉS PAR HECTARE À LA LIVRAISON.	QUANTITÉS PAR HECTARE À L'ÉTAT SEC.
uilles à la livraison :	kilogr.	kilogr.	kilogr.
bacs marchands 2e qualité	176	343 1	257 3
bacs marchands 3e qualité	661	1,288 7	966 5
bacs non marchands 1re classe	90	175 4	131 5
TAL des feuilles	927	1,807 2	1,355 3

Voici la composition centésimale de ces différents produits de la culture, considér à l'état sec :

DÉSIGNATION.	COMPOSITION CENTÉSIMALE DE LA MATIÈRE SÈCHE.				
	CENDRES.	AZOTE.	ACIDE PHOSPHORIQUE.	POTASSE.	CHAUX.
Jeunes plants	31.75	2.89	0.69	8.71	3.64
Feuilles d'épamprement	28.00	4.24	0.41	7.14	5.18
Bourgeons — d'écimage	16.21	6.68	1.99	5.97	0.84
Bourgeons — du 1er ébourgeonnage	20.33	4.63	1.24	6.06	1.01
Bourgeons — du 2e ébourgeonnage	20.60	4.05	1.03	4.95	0.90
Pieds de mauvaise venue	21.31	2.89	0.50	4.21	3.14
Tiges	15.55	2.77	0.60	4.92	2.74
Racines	6.20	1.41	0.39	2.21	1.29
Feuilles mûres :					
Tabacs marchands — 2e qualité	25.20	3.91	0.48	4.44	6.36
Tabacs marchands — 3e qualité	26.80	4.50	0.56	4.83	6.13
Tabacs non marchands 1re classe	35.90	4.20	0.37	3.42	8.62
Regain	20.68	4.82	1.33	6.54	1.68

Le tableau suivant indique les proportions de matières fertilisantes empruntées a sol par hectare, pour les 14,517 pieds qui ont occupé réellement le terrain penda toute la période culturale; nous avons fait les corrections relatives aux 111 aux pie de mauvaise venue, pesant 8 kilogr. 2, et aux 14,628 jeunes plants, pesant 2 kilogr.

DÉSIGNATION.	PAR HECTARE.			
	AZOTE.	ACIDE PHOSPHORIQUE.	POTASSE.	CHAUX.
	kilogr.	kilogr.	kilogr.	kilogr.
Feuilles d'épamprement	5 109	0 494	8 604	6 242
Bourgeons — d'écimage	0 187	0 056	0 167	0 023
Bourgeons — du 1er ébourgeonnage	2 514	0 673	3 290	0 548
Bourgeons — du 2e ébourgeonnage	3 086	0 785	3 772	0 686
Pieds de mauvaise venue	0 237	0 041	0 345	0 257
Tiges	10 592	2 294	18 814	10 478
Racines	14 775	4 087	23 158	13 518
Feuilles mûres — 2e qualité	10 060	1 235	11 424	16 364
Feuilles mûres — 3e qualité	43 492	5 412	46 682	59 246
Feuilles mûres — 1re classe	5 523	0 486	4 497	11 335
Regain	5 500	1 517	7 462	1 917
TOTAL	101 075	17 080	128 215	120 614
A DÉDUIRE, jeunes plants	0 072	0 017	0 218	0 091
MATIÈRES FERTILISANTES empruntées au sol par hectare	101 003	17 063	127 997	120 523

xportation proprement dite par les feuilles, qui seules quittent le domaine, est vante :

Azote	59 kilogr.
Acide phosphorique	7
Potasse	63
Chaux	87

aminons maintenant les résultats obtenus par le même agriculteur pendant les dernières années, afin de voir si ceux qui se rapportent à l'année 1896 ne se ntent pas comme une exception.

NNÉES.	SURFACE PLANTÉE.	NOMBRE DE PIEDS				NOMBRE		PRIX MOYEN des 100 kil.	PRODUIT par HECTARE	
		PLANTÉS.	MANQUANTS au 1er inventaire.	DÉTRUITS au 2e inventaire.	RESTANT en charge.	de FEUILLES par plant.	de FEUILLES au kilogr.		en POIDS.	en ARGENT.
	a. c.							fr. c.	kilogr.	francs.
91	1 08 43	16,194	59	312	15,823	8.31	63	70 42	1,864	1,319
92	1 14 33	16,717	449	196	16,072	8.17	68	87 01	1,662	1,446
93	93 08	13,706	6	254	13,446	8.19	66	78 75	1,752	1,379
94	88 62	13,098	27	228	12,843	8.42	61	78 36	1,955	1,532
95	98 66	14,618	46	73	14,499	8.29	62	80 48	1,931	1,553
96	51 29	7,599	96	57	7,446	8.53	68	81 78	1,807	1,477
97	27 05	4,008	3	175	3,830	8.30	76	79 85	1,545	1,234
98	1 02 62	15,204	0	418	14,786	8.18	84	84 29	1,394	1,175

année 1896 peut être considérée comme bonne et, d'après les chiffres consignés le tableau de la page 75, on voit que la culture de notre collaborateur est très iée et dépasse sensiblement la moyenne du département.

. Contin emploie, par hectare, 150 à 160 mètres cubes d'un fumier spécial qu'il are à l'aide de viandes retirées d'un atelier d'équarrissage et de fumier de ferme; le nge des deux substances, par parties à peu près égales, reçoit environ un tiers de post dans lequel entre de la chaux. Le tas ainsi constitué est coupé, pelleversé deux à la seconde fois on y ajoute 4 à 500 kilogrammes de sel provenant du dessalage a morue; après un dernier recoupage, l'engrais est réparti dans les trous où le tabac être repiqué. Ce sel, auquel M. Contin attache plus d'importance qu'il ne convient, est destiné, d'après lui, à maintenir l'humidité du sol; il ne peut produire sur eunes plantes, surtout s'il est employé à fortes doses, que de mauvais effets; c'est i qu'en 1897 la plus grande partie de la culture a été détruite de ce fait.

e mélange a la composition suivante :

Eau	50 90 p. 100.
Azote	0 60
Acide phosphorique	0 19
Potasse	0 51
Carbonate de chaux	1 90

C'est surtout un engrais azoté, pauvre en éléments minéraux et dans lequel, outre, la nitrification est peu active; on y a dosé seulement 0.007 p. 100 d'aci nitrique. La quantité de chlorure de sodium s'élève à 1.91 p. 100.

Ce fumier spécial, pesant environ 600 kilogrammes par mètre cube, apporte au les quantités suivantes d'éléments fertilisants :

Azote	540 kilogr.
Acide phosphorique	171
Potasse	459

Si nous mettons en présence de ces chiffres ceux de l'exportation, nous avons :

	AZOTE.	ACIDE PHOSPHORIQUE.	POTASSE.
	kilogr.	kilogr.	kilogr.
Apporté par la fumure	540	171	459
Emprunté au sol	101	17	104

Cette fumure dépasse de beaucoup les exigences de la récolte.

III. — RÉGION DU SUD-OUEST

DÉPARTEMENT DU LOT-ET-GARONNE.

Le département du Lot-et-Garonne est le seul qui cultive à la fois le tabac à fum et le tabac à priser.

Nous avons précédemment montré, page 58, que c'est ce dernier qui occupe la p grande surface, soit 2,357 hectares sur 3,418, c'est-à-dire approximativement les de tiers de la superficie totale cultivée en tabac dans ce département.

Il était intéressant d'examiner comment se comportent ces deux cultures, fai pour ainsi dire côte à côte; aussi avons-nous jugé utile de les étudier séparément.

Nous avons exposé, page 60, nos recherches sur le tabac à fumer. Nous donno maintenant le résultat de nos expériences sur le tabac à priser.

Elles ont été exécutées à Aiguillon, chez un des meilleurs agriculteurs du pay M. Alfred Charpentier, qui nous a prêté un précieux concours dans nos études.

Le sol de la plantation a la composition suivante, pour 1,000 de terre fine sèche :

Azote	0.594
Acide phosphorique	0.924
Potasse	1.710
Carbonate de chaux	4.500

sol est pauvre en azote et en acide phosphorique, riche seulement en potasse et eu calcaire.

s documents relatifs à la plantation sont les suivants :

Surface plantée		1 hect. 1979	
Nombre de pieds	primitivement plantés	14,264 soit	11,967 par hectare.
	manquants	1,512	1,262
	détruits	1,622	1,354
	restant en charge	11,130	9,291

tableau suivant concerne les diverses opérations effectuées, les poids secs des ıits enlevés sur les 100 pieds en expérience et ces poids rapportés à l'hectare :

DÉSIGNATION.		DATES des OPÉRATIONS.	POIDS SECS pour LES 100 PIEDS en expérience.	POIDS SECS pour LES 9,291 PIEDS à l'hectare.
			grammes.	kilogr.
illes d'épamprement		13 juillet	1 140 0	142 8
		19 juillet	397 0	
rgeons	d'écimage	13-19 juillet	249 6	23 2
	du 1er ébourgeonnage	19 juillet	790 5	73 4
	du 2e ébourgeonnage	23 juillet	324 0	30 1
	du 3e ébourgeonnage	5 août	830 0	77 1
	du 4e ébourgeonnage	24 août	411 0	38 2
s à la récolte		*Idem*	2 799 0	260 1
ines		*Idem*	4 679 0	434 7
ain			716 0	66 5

DÉSIGNATION.		QUANTITÉS LIVRÉES.	QUANTITÉS PAR HECTARE À LA LIVRAISON.	QUANTITÉS PAR HECTARE À L'ÉTAT SEC.
		kilogr.	kilogr.	kilogr.
illes à la livraison :				
acs marchands	1re qualité	180	150 3	112 7
	2e qualité	336	280 5	210 4
	3e qualité	108	90 2	67 6
acs non marchands	1re classe	229	191 2	143 4
	2e classe	136	113 5	85 1
	3e classe	30	25 0	18 7
AL des feuilles		1,019	850 7	637 9

Voici la composition centésimale de ces divers produits considérés à l'état sec :

DÉSIGNATION.	COMPOSITION CENTÉSIMALE DE LA MATIÈRE SÈCHE				
	CENDRES.	AZOTE.	ACIDE PHOSPHORIQUE.	POTASSE.	CHAUX.
Jeunes plants	21.69	3.82	0.61	4.50	4.14
Feuilles d'épamprement	33.33	3.51	0.65	4.60	7.31
Bourgeons : d'écimage	30.18	4.07	0.82	5.08	4.87
Bourgeons : du 1er ébourgeonnage	17.23	5.63	1.53	4.94	1.85
Bourgeons : du 2e ébourgeonnage	21.10	5.88	1.49	5.12	1.96
Bourgeons : du 3e ébourgeonnage	18.80	4.19	1.08	4.57	0.98
Bourgeons : du 4e ébourgeonnage	21.34	4.88	1.21	4.77	1.23
Pieds de mauvaise venue	19.60	3.30	0.51	2.90	5.40
Tiges	13.14	3.32	0.88	4.51	2.18
Racines	5.38	1.62	0.62	1.03	1.37
Feuilles mûres :					
Tabacs marchands : 1re qualité	23.25	3.12	0.46	3.10	7.53
Tabacs marchands : 2e qualité	23.60	3.71	0.49	3.58	7.90
Tabacs marchands : 3e qualité	21.52	3.58	0.47	2.76	7.42
Tabacs non marchands : 1re classe, 2e classe, 3e classe	20.60	3.84	0.41	2.22	7.81
Regain	26.47	4.88	1.36	4.74	3.25

Nous pouvons dresser, à l'aide de ces données, le tableau des matières fertilisan[tes] empruntées au sol par les 9,291 pieds pris en charge, en tenant compte des 1,3[...] pieds de mauvaise venue, pesant 56 kil. 9 et de 10,641 jeunes plants pesant 7 kil.

DÉSIGNATION.	MATIÈRES FERTILISANTES EMPRUNTÉES AU SOL PAR HECTARE.			
	AZOTE.	ACIDE PHOSPHORIQUE.	POTASSE.	CHAUX.
	kilogr.	kilogr.	kilogr.	kilogr.
Feuilles d'épamprement	5 012	0 857	6 569	10 439
Bourgeons : d'écimage	0 944	0 190	1 178	1 130
Bourgeons : du 1er ébourgeonnage	4 132	1 123	3 626	1 358
Bourgeons : du 2e ébourgeonnage	1 770	0 448	1 541	0 590
Bourgeons : du 3e ébourgeonnage	3 230	0 833	3 523	0 755
Bourgeons : du 4e ébourgeonnage	1 864	0 462	1 822	0 470
Pieds de mauvaise venue	1 878	0 290	1 650	3 073
Tiges	8 635	2 289	11 730	5 670
Racines	7 042	2 695	4 477	5 955
Feuilles mûres : 1re qualité	3 516	0 518	3 494	8 486
Feuilles mûres : 2e qualité	7 806	1 031	7 532	16 622
Feuilles mûres : 3e qualité	2 420	0 318	1 866	5 016
Feuilles mûres : 1re classe, 2e classe, 3e classe	9 492	1 013	5 488	19 306
Regain	3 245	0 904	3 152	2 161
TOTAL	60 986	12 971	57 648	81 031
A DÉDUIRE, jeunes plants	0 302	0 048	0 355	0 327
MATIÈRES FERTILISANTES empruntées au sol par hectare	60 684	12 923	57 293	80 704

exportation proprement dite par les feuilles est la suivante :

Azote	23 kilogr.
Acide phosphorique	3
Potasse	18
Chaux	49

tableau suivant réunit les résultats de la culture de M. Charpentier pour les huit ères années.

ANNÉES.	SURFACE PLANTÉE.	NOMBRE DE PIEDS				NOMBRE		PRIX MOYEN des 100 kilogrammes.	PRODUIT PAR HECTARE	
		PLANTÉS.	MANQUANTS au 1er inventaire.	DÉTRUITS au 2e inventaire.	RESTANT en charge.	de FEUILLES par plant.	de FEUILLES au kilogramme		en POIDS.	en ARGENT.
	h. a c							fr. c.	kilogr.	francs.
91	1 21 17	14,381	157	385	13,839	9.00	120	89 88	856	768
92	1 11 54	12,953	385	390	12,178	9.00	112	102 34	875	896
93	1 23 62	14,341	424	816	13,101	9.00	114	103 67	835	866
94	1 13 01	12.707	180	254	12,273	9.00	89	107 39	1,087	1,162
95	1 21 64	14,400	248	409	13,743	9.00	113	99 35	896	888
96	1 19 79	14,264	1,512	1,622	11,130	9.00	97	80 91	853	688
97	1 29 57	15,000	191	336	14,473	9.10	94	97 57	1,052	1,079
98	1 25 85	14,987	954	1,218	12.815	9.00	146	108 89	624	679

'année 1896 est à peu près moyenne, comme rendement en poids. Si nous nous rtons aux résultats consignés dans le tableau de la page 58, on voit que notre boraleur obtient des rendements un peu supérieurs à la moyenne du département. . Charpentier a employé les fumures suivantes par hectare :

Fumier de ferme	5,000 kilogr.
Engrais chimique	500

plétées par une fumure verte, comme nous l'avons indiqué ailleurs, et qui ont orté au sol les quantités ci-après d'éléments fertilisants :

	AZOTE		ACIDE PHOSPHORIQUE		POTASSE	
	P. 100.	TOTAL.	P. 100.	TOTAL.	P. 100.	TOTAL.
		kilogr.		kilogr.		kilogr.
000 kilogrammes de fumier	0.6	30	0.5	25	0.7	35
609 kilogrammes d'engrais chimique.	2.5	15	15.0	90	//	//
rosse	//	65	//	20	//	58
TOTAUX	......	110	......	135	......	93

En comparant ces chiffres à ceux de l'exportation, on a :

	AZOTE.	ACIDE PHOSPHORIQUE.	POTASSE.
	kilogr.	kilogr.	kilogr.
Apporté par la fumure	110	135	93
Emprunté au sol	60	13	57

On voit que la fumure est restreinte, mais suffisante, en raison des faibles exi gences de cette culture espacée et à rendements très peu élevés.

DÉPARTEMENT DU LOT.

Le département du Lot cultive le tabac sur une surface de 2,075 hectares, dar 153 communes, dont 78 de l'arrondissement de Cahors, 31 de celui de Figeac et 4 de celui de Gourdon. Il occupe le troisième rang parmi ceux qui cultivent le taba par l'importance de ses plantations.

Voici pour les huit dernières années les documents relatifs à cette culture dans département, et que M. Andlauer, directeur des Manufactures de l'État à Cahors, a e l'obligeance de nous communiquer :

ANNÉES.	ARRONDISSEMENTS.	NOMBRE de PLANTEURS	NOMBRE de PIÈCES.	CONSISTANCE des PLANTATIONS.	NOMBRE DE PIEDS PAR HECTARE plantés	NOMBRE DE PIEDS PAR HECTARE restant en charge.	NOMBRE DE PIEDS PAR HECTARE manquants ou détruits.	NOMBRE de FEUILLES par plant.	NOMBRE de FEUILLES au kilogr.	PRIX MOYEN par 100 kilogr.	PRODUIT MOYEN PAR HECTARE en POIDS.	PRODUIT MOYEN PAR HECTARE en ARGENT
				hect. a. c.						fr. c.	kilogr.	francs
1891	....	9,293	13,616	2,056 19 »	11,601	11,093	508	7.51	78	108 78	1,059	1,148
1892	....	9,302	13,889	2.015 29 »	11,943	11.360	583	7.43	75	102 73	1,093	1,117
1893	....	9,247	13.632	2,053 85 »	11,579	10,977	602	7.54	71	108 56	1,036	1.120
1894	....	9,190	13.582	2,056 06 »	11,604	11.132	472	7.55	73	107 48	1,143	1,225
1895	....	9,209	13,671	2,073 91 »	11,618	11,263	355	7.53	75	103 93	1,115	1,153
1896	....	9,272	13,839	2.079 20 »	11,621	10,801	820	7.48	73	100 55	1,046	1,043
1897	....	9,187	13,736	2.059 62 »	11,630	10,931	699	7.57	69	104 38	1.192	1,236
1898	Cahors	5,653	8,689	1,271 84 »	11,636	11,178	458	7.48	104	110 37	801	882
	Figeac	1,279	1,983	321 22 »	11,424	10.608	816	7.78	131	104 82	627	655
	Gourdon	2,367	3,274	482 87 »	11,689	10,639	1,050	7.52	118	104 83	674	706
TOTAUX ET MOYENNES pour 1898.		9.299	13,946	2.075 94 »	11,615	10,955	650	7.54	110	108 48	744	806

La superficie moyenne cultivée par chaque planteur est de 22 ares 3 et la surfac moyenne des pièces de 14 ares 8.

La variété cultivée est l'Auriac (Nyckerk et Amersfort acclimatés); les produits sor destinés à la fabrication des tabacs à priser et des rôles.

L'assolement suivi est en général biennal, tabac-blé. Quelques cultivateurs sèmer des vesces sur le déchaumage du blé et les enterrent comme engrais vert; cette pra tique est suivie seulement dans la vallée et non sur les causses. Sur le déchaumag du blé, on fait aussi des cultures de choux-raves, maïs-fourrage.

ertains cultivateurs pratiquent un assolement triennal : après la culture de mars, ème du froment; dans le froment, on ensemence du trèfle de Hollande, qui peut ıer une demi-récolte en août et qui sera enfoui en octobre, pour servir d'engrais à éréale occupant la seconde sole. On ensemence sur le chaume de cette céréale jarosses ou du trèfle incarnat pour servir d'engrais vert au printemps.

n'y a rien de particulier à ajouter en ce qui concerne les façons culturales.

uant aux fumures, elles consistent le plus souvent en fumier de ferme, qu'on ré- à raison de 40 mètres cubes à l'hectare; les engrais chimiques ne sont employés xceptionnellement.

ı constitution géologique du département est très variée; peu de pays possèdent aussi grande diversité de terrains; ceux-ci ont fait l'objet, de la part de M. le Dr ey, député, d'études agrologiques fort intéressantes [1].

: tabac se cultive principalement dans les alluvions du Lot et de la Dordogne, dans erres de coteaux et dans les Causses; voici les résultats des analyses de divers ntillons représentant les principaux types de terre qu'a bien voulu nous faire adresser ninistration des tabacs; ils ont été prélevés respectivement dans les alluvions du de la Dordogne et dans les Causses.

DÉSIGNATION.	POUR 1.000 DE TERRE FINE SÈCHE [1].			
	AZOTE.	ACIDE PHOSPHORIQUE.	POTASSE.	CARBONATE DE CHAUX.
ambal, M. Dufour (alluvions du Lot)	1.291	1.647	3.111	14.1
nt-Cirq-la-Popie. M. Bassouls (alluvions du Lot)	1.184	2.203	3.145	12.6
illac, Les Planches. M. Léry (alluvions de la Dordogne)	1.706	1.914	3.774	12.8
illac, Le Bouyssonnet. M. Léry (alluvions de la Dordogne)	1.164	1.572	2.652	12.1
illac, Terre de Causse. M. Léry	1.686	3.820	5.304	62.9
n.	1.632	1.350	3.111	40.7
Chapelle-Auzac. Terre de Causse. M. Léry	2.335	3.162	3.485	427.6
ujac. M. Blattes (vallons au pied des coteaux)	2.214	2.192	6.239	20.4
ingues. M. Delpeyroux. Terre de Causse	2.228	3.982	5.355	120.0
rerets. M. Tressens. Vallée du Célé	1.331	1.060	3.621	16.5

Les échantillons des terres d'alluvions ne contenaient pas des proportions appréciables de cailloux, les autres en renaient respectivement 20, 25, 40, 29 et 52 p. 100.

s terres, certainement améliorées par une série de cultures fortement fumées, d'une richesse tout à fait exceptionnelle en éléments fertilisants et nous rappellent erres du Nord et du Pas-de-Calais.

ous avons établi dans le département du Lot deux champs d'expériences, l'un à nbal, l'autre à Cahors.

Études agrologiques des principaux terrains du département du Lot, par le Dr E. Rey. Imprimerie ssac, Cahors.

CHAMP D'EXPÉRIENCES D'ARCAMBAL.

Nous avons exécuté nos recherches dans une propriété de M. Dufour, le très d tingué Directeur de la ferme-école du Montat, que nous remercions vivement de s précieux concours; son régisseur, M. Blanc, nous a été d'un grand secours pour essais que nous avons effectués à Arcambal, de 1896 à 1899.

Le sol de la plantation a la composition suivante, pour 1,000 de terre fine et sèch

Azote	1.291
Acide phosphorique	1.647
Potasse	3.111
Carbonate de chaux	14.100

Voici les documents concernant la plantation :

Surface plantée		53 ares 35	
Nombre de pieds	primitivement plantés	6,000 soit	11,246 par hect
	manquants	1	2
	détruits	29	54
	restant en charge	5,970	11,190

Le tableau suivant donne la série des diverses opérations, les dates auxquelles el ont été effectuées, les poids secs des produits enlevés sur les 100 pieds en expérie et ces poids rapportés à l'hectare :

DÉSIGNATION.		DATES des OPÉRATIONS.	POIDS SECS pour les 100 pieds en expérience.	POIDS SECS pour les 11,190 pieds à l'hectare.
			grammes.	kilogr.
Feuilles de nettoiement		20 juin.	159	17 8
Feuilles d'épamprement		6-17 juillet.	1,275	142 7
Bourgeons	d'écimage	6-17 juillet.	156	17 4
	du 1er ébourgeonnage	17 juillet.	155	17 3
	du 2e ébourgeonnage	27 juillet.	407	45 5
	du 3e ébourgeonnage	1er août.	400	44 8
	du 4e ébourgeonnage	12 août.	896	100 3
	du 5e ébourgeonnage	24 août.	621	69 5
Tiges à la récolte		*Idem.*	2,937	328 7
Racines		*Idem.*	5,825	651 9
Regain		3 septembre.	945	105 7

		QUANTITÉS LIVRÉES.	QUANTITÉS PAR HECTARE à la livraison.	QUANTITÉS PAR HECTARE à l'état sec
Feuilles à la livraison :		kilogr.	kilogr.	kilogr.
Tabacs marchands	Surchoix	50	93 7	70 3
	1re qualité	548	1,027 2	770 4
	2e qualité	160	299 9	224 9
	3e qualité	84	157 4	118 0
Tabacs non marchands	1re classe	12	22 5	16 9
	2e classe	37	69 3	52 0
	3e classe	10	18 7	14 0
TOTAL des feuilles		901	1,688 7	1,266 5

ici la composition centésimale de ces divers produits considérés à l'état sec :

DÉSIGNATION.	COMPOSITION CENTÉSIMALE DE LA MATIÈRE SÈCHE.				
	CENDRES.	AZOTE.	ACIDE PHOSPHORIQUE.	POTASSE.	CHAUX.
nes plants	23.60	3.57	0.75	6.76	3.33
illes de nettoiement	23.62	3.77	0.19	3.46	7.39
illes d'épamprement	26.08	3.83	0.26	4.29	7.95
urgeons — d'écimage	14.06	7.09	1.79	5.31	1.48
du 1er ébourgeonnage	14.60	6.21	1.32	5.02	1.79
du 2e ébourgeonnage	14.97	6.27	1.39	4.99	1.26
du 3e ébourgeonnage	16.18	5.59	1.26	4.92	1.20
du 4e ébourgeonnage	18.00	5.21	1.32	4.60	1.04
du 5e ébourgeonnage	16.17	6.15	1.42	5.22	1.01
ds de mauvaise venue	18.65	3.64	0.58	2.79	4.98
es	12.14	4.15	0.73	3.83	2.63
cines	6.47	1.94	0.49	1.63	1.37
uilles mûres (moyenne des diverses qualités)	24.43	3.66	0.49	3.42	8.40
ain	20.32	5.08	1.59	3.97	2.66

es chiffres permettent de dresser le tableau de l'exportation par hectare pour les 90 pieds qui ont réellement occupé le terrain pendant toute la période culturale n tenant compte, en outre, des 54 pieds de mauvaise venue pesant 6 kilogr. 4, es 11,244 jeunes plants poussés en pépinière, pesant 3 kilogr. 1.

DÉSIGNATION.	MATIÈRES FERTILISANTES EMPRUNTÉES AU SOL PAR HECTARE.			
	AZOTE.	ACIDE PHOSPHORIQUE.	POTASSE.	CHAUX.
	kilogr.	kilogr.	kilogr.	kilogr.
uilles de nettoiement	0 671	0 034	0 616	1 315
uilles d'épamprement	5 465	0 371	6 122	11 345
ourgeons — d'écimage	1 234	0 311	0 924	0 257
du 1er ébourgeonnage	1 074	0 228	0 868	0 310
du 2e ébourgeonnage	2 853	0 632	2 270	0 573
du 3e ébourgeonnage	2 504	0 564	2 204	0 538
du 4e ébourgeonnage	5 226	1 324	4 614	1 043
du 5e ébourgeonnage	4 274	0 987	3 628	0 702
eds de mauvaise venue	0 233	0 037	0 178	0 319
ges	13 641	2 399	12 589	8 645
acines	12 647	3 194	10 626	8 931
euilles mûres	46 354	6 206	43 314	106 386
egain	5 369	1 681	4 196	2 812
OTAL	101 545	17 968	92 149	143 176
DÉDUIRE, jeunes plants	0 111	0 023	0 209	0 103
ATIÈRES FERTILISANTES empruntées au sol par hectare	101 434	17 945	91 940	143 073

L'exportation proprement dite par les feuilles est la suivante :

Azote..	46 kilogr.
Acide phosphorique..	6
Potasse..	43
Chaux..	106

Le tableau suivant réunit les rendements obtenus par M. Dufour pendant les h dernières années :

ANNÉES.	SUR-FACE PLANTÉE.	NOMBRE DE PIEDS				NOMBRE		PRIX MOYEN des 100 kilogrammes.	PRODUIT PAR HECTARE	
		PLANTÉS.	MANQUANTS au 1er inventaire.	DÉTRUITS au 2e inventaire.	RESTANT en charge.	de FEUILLES par plant.	de FEUILLES au kilogramme.		en POIDS.	en ARGENT
	a. c.							fr. c.	kilogr.	francs
1891.......	53 59	5,990	12	10	5,968	8.00	52	123 19	1,817	2,23
1892.......	51 68	5,999	10	9	5,980	8.00	61	123 51	1,507	1,86
1893.......	53 32	6,000	20	15	5,965	8.00	61	124 99	1,607	1,96
1894.......	53 35	6,000	21	18	5,961	8.00	55	119 07	1,611	1,93
1895.......	52 24	6,000	7	11	5,982	8.00	55	121 77	1,663	2,02
1896.......	53 35	6,000	1	29	5,970	8.00	53	122 79	1,694	2,07
1897.......	54 45	6,000	8	62	5,930	8.10	57	116 74	1,522	1,77
1898.......	50 77	6,000	8	43	5,949	8.50	71	123 62	1,396	1,72

On voit que l'année 1896 a été à peu près moyenne, bien que les résultats soi plutôt un peu plus élevés que ceux des autres années.

Enfin, si nous jetons les yeux sur le tableau de la page 84, nous constatons que culture modèle de notre collaborateur lui permet d'obtenir des résultats de beauco supérieurs à ceux de la moyenne du département.

Nous avons, en 1897, à propos de l'étude des porte-graines (page 101) reco mencé chez M. Dufour les mêmes expériences; en voici le résumé, en ce qui concer la culture ordinaire.

Avec une production de 1,522 kilogrammes de feuilles, représentant un poids de 1,141 kilogr. 5, l'emprunt de matières fertilisantes au sol a été de :

Azote..	85 kilogr.
Acide phosphorique..	17
Potasse..	99
Chaux..	115

Les résultats de ces deux années diffèrent donc assez peu l'un de l'autre.

our obtenir sa récolte de tabac, M. Dufour emploie, par hectare, 30,000 kilogrammes umier, qui apportent au sol les quantités suivantes d'éléments fertilisants :

Azote	180 kilogr.
Acide phosphorique	150
Potasse	210

CHAMP D'EXPÉRIENCES DE CAHORS.

otre second champ d'expériences pour le département du Lot a été établi à Cahors, un habile agriculteur, M. Clary Gaspard.

e sol de la plantation a la composition suivante, pour 1,000 de terre fine et sèche:

Azote	0.842
Acide phosphorique	1.560
Potasse	2.288
Carbonate de chaux	17.700

est riche en acide phosphorique et en potasse, suffisamment calcaire, mais plutôt re en azote.

oici les documents relatifs à la plantation :

Surface plantée		35 ares 54	
Nombre de pieds	primitivement plantés	4,200 soit	11,817 par hectare.
	manquants	31	87
	détruits	198	557
	restant en charge	3,971	11,173

e tableau suivant donne la série des diverses opérations, les poids secs obtenus les 100 pieds en expérience et ces poids rapportés à l'hectare.

DÉSIGNATION.		DATES DES OPÉRATIONS.	POIDS SECS pour LES 100 PIEDS en expérience.	POIDS SECS pour LES 11,173 PIEDS à l'hectare.
			grammes.	kilogr.
uilles d'épamprement		10-15 juillet.	2,101	234 6
urgeons	d'écimage	*Idem.*	79	8 8
	du 1er ébourgeonnage	20 juillet.	948	105 9
	du 2e ébourgeonnage	4 août.	512	57 2
	du 3e ébourgeonnage	24 août.	696	77 8
	du 4e ébourgeonnage	13 septembre.	375	41 9
ges à la récolte		*Idem.*	2,997	334 9
icines à la récolte		*Idem.*	6,677	746 1
gain		"	1,200	134 1

		QUANTITÉS LIVRÉES.	QUANTITÉS PAR HECTARE À LA LIVRAISON.	QUANTITÉS PAR HECTARE À L'ÉTAT SEC.
euilles à la livraison :		kilogr.	kilogr.	kilogr.
abacs marchands	1re qualité	181	509 3	382 0
	2e qualité	104	292 6	219 4
	3e qualité	104	292 6	219 4
abacs non marchands	1re classe	36	101 3	76 0
	3e classe	23	64 7	48 5
OTAL des feuilles		448	1,260 5	945 3

Voici la composition centésimale de la matière sèche de ces divers produits :

DÉSIGNATION.	COMPOSITION CENTÉSIMALE DE LA MATIÈRE SÈCHE.				
	CENDRES.	AZOTE.	ACIDE PHOSPHORIQUE.	POTASSE.	CHAUX.
Jeunes plants	39.08	4.33	1.30	6.63	4.28
Feuilles d'épamprement	29.74	4.08	0.58	4.59	7.59
Bourgeons — d'écimage	22.62	6.46	2.05	5.13	1.51
Bourgeons — du 1er ébourgeonnage	19.12	5.72	1.28	4.56	2.38
Bourgeons — du 2e ébourgeonnage	22.20	4.83	1.19	4.55	1.74
Bourgeons — du 3e ébourgeonnage	17.47	5.27	1.24	4.71	1.62
Bourgeons — du 4e ébourgeonnage	17.92	4.90	1.12	4.76	1.18
Tiges	10.85	3.58	0.64	2.75	2.18
Racines	5.89	1.69	0.41	0.93	1.01
Feuilles mûres — 1re qualité	23.81	2.99	0.36	2.58	8.40
Feuilles mûres — 2e qualité	22.70	3.12	0.41	2.64	8.18
Feuilles mûres — 3e qualité	24.39	2.92	0.35	2.32	8.74
Feuilles mûres — 1re classe	27.93	2.76	0.35	1.44	10.36
Feuilles mûres — 3e classe	27.85	2.76	0.37	1.54	10.14
Regain	26.31	4.20	1.06	5.14	3.78

Ces chiffres permettent de calculer les quantités de matières fertilisantes empruntées au sol par hectare, avec cette observation qu'on n'a pu tenir compte des pieds de mauvaise venue, non échantillonnés et pesés :

DÉSIGNATION.	MATIÈRES FERTILISANTES EMPRUNTÉES AU SOL PAR HECTARE.			
	AZOTE.	ACIDE PHOSPHORIQUE.	POTASSE.	CHAUX.
	kilogr.	kilogr.	kilogr.	kilogr.
Feuilles d'épamprement	9 572	1 361	10 768	17 806
Bourgeons — d'écimage	0 568	0 180	0 451	0 133
Bourgeons — du 1er ébourgeonnage	6 057	1 355	4 829	2 520
Bourgeons — du 2e ébourgeonnage	2 763	0 681	2 603	0 995
Bourgeons — du 3e ébourgeonnage	4 100	0 965	3 703	1 260
Bourgeons — du 4e ébourgeonnage	2 053	0 469	1 994	0 494
Tiges	11 989	2 143	9 210	7 301
Racines	12 609	3 059	6 939	7 536
Feuilles mûres — 1re qualité	11 422	1 375	9 856	32 088
Feuilles mûres — 2e qualité	6 845	0 899	5 792	17 947
Feuilles mûres — 3e qualité	6 406	0 768	5 090	19 175
Feuilles mûres — 1re classe	2 098	0 266	1 094	7 874
Feuilles mûres — 3e classe	1 339	0 179	0 747	4 918
Regain	5 632	1 421	6 893	5 069
TOTAL	83 453	15 121	69 969	125 116
A DÉDUIRE, jeunes plants	0 190	0 057	0 292	0 188
MATIÈRES FERTILISANTES empruntées au sol par hectare	83 263	15 064	69 677	124 928

exportation proprement dite par les feuilles est la suivante :

Azote..	28 kilogr.
Acide phosphorique..	3
Potasse..	22
Chaux..	82

tableau suivant réunit les rendements obtenus par M. Clary Gaspard, pendant uit dernières années :

NNÉES.	SURFACE PLANTÉE.	NOMBRE DE PIEDS				NOMBRE		PRIX MOYEN des 100 kilogrammes.	PRODUIT PAR HECTARE	
		PLANTÉS.	MANQUANTS au 1er inventaire.	DÉTRUITS au 2e inventaire.	RESTANT en charge.	de FEUILLES par plant.	de FEUILLES au kilogramme.		en POIDS.	en ARGENT.
	a. c.							fr. c.	kilogr.	francs.
91.......	34 54	4,200	59	140	4,001	8.0	53	119 24	1,651	1,736
92.......	35 54	4,200	18	13	4,169	7.0	54	61 94	1,435	888
93.......	35 53	4,200	41	99	4,060	8.0	70	124 79	1.283	1,601
94.......	35 48	4,194	31	30	4,133	7.0	51	112 86	1,750	1,975
95.......	34 62	4,092	13	16	4,063	8.0	55	122 76	1,652	2,038
96.......	35 54	4,200	31	198	3,971	8.0	69	105 82	1,254	1,328
97.......	35 57	4,158	93	0	4,065	8.0	79	114 43	1,147	1,312
98.......	35 33	4,130	69	0	4,061	8.0	79	114 82	1,375	1,548

'année 1896 a été un peu inférieure à la moyenne. D'autre part, si l'on considère ableau de la page 84, on voit que la culture de notre collaborateur lui permet tenir des rendements en poids et en argent notablement supérieurs à ceux de la enne du département.

Pour obtenir sa récolte de tabac, M. Clary Gaspard emploie, par hectare, 3,500 kiammes de fumier et 63 mètres cubes d'engrais de vidange, qui apportent au sol quantités suivantes d'éléments fertilisants :

	AZOTE.		ACIDE PHOSPHORIQUE.		POTASSE.	
	P. 100.	TOTAL.	P. 100.	TOTAL.	P. 100.	TOTAL.
		kilogr.		kilogr.		kilogr.
,500 kilogrammes de fumier............	0.60	21	0.50	17 5	0.70	24 5
63 mètres cubes de vidanges..........	0.60	378	0.15	94 0	0.20	126 0
Totaux........................		399		111 5		150 5

Si nous mettons en regard de ces chiffres ceux de l'exportation précédemm établis, nous avons:

	AZOTE.	ACIDE PHOSPHORIQUE.	POTASSE.
	kilogr.	kilogr.	kilogr.
Apporté par la fumure........	399	111	150
Emprunté au sol.............	83	15	69

Il y a donc ici encore un grand excédent de substances fertilisantes.

III. — TABAC PORTE-GRAINES.

Après avoir examiné la culture du tabac à fumer et celle du tabac à priser, n avons jugé intéressant d'étudier au même point de vue la culture des tabacs por graines, quoique l'importance de cette production ne soit pas très grande.

La fécondité des plantes mères est énorme : on compte jusqu'à 360,000 grai pour un seul pied. La graine de tabac est extrêmement petite; le litre, pesant moyenne 500 grammes, renferme plus de 6 millions de graines, et un pied m donne environ 20 grammes de graines.

Or, on emploie en moyenne un centimètre cube de semence par mètre carré de mis, soit 70 centimètres cubes ou 35 grammes par hectare de terrain à complant Théoriquement, deux pieds mères suffiraient donc à fournir la graine nécessaire po l'ensemencement d'un hectare et pour les 16,500 hectares cultivés en France, il fa drait seulement 33,000 pieds mères, couvrant un hectare.

Mais, le nombre de pieds porte-graines cultivés dépasse de beaucoup le chiffre dessus; c'est qu'en effet il y a toujours gaspillage et toutes les graines ne germent p On distribue à chaque planteur une quantité de graines trois fois supérieure celle qui est strictement utile; d'autre part, la totalité des graines produites n' pas utilisée; par des séries de tamisages, on élimine les corps étrangers et les peti graines, pour ne conserver que les plus belles, qui doivent être lourdes, de grosse uniforme et de couleur roussâtre; bien que leur faculté germinative subsiste une zaine d'années, il convient de ne pas employer de graines anciennes.

Il ne nous a pas été possible d'évaluer exactement l'étendue occupée par la cultu des porte-graines, mais il est facile de voir, d'après ces évaluations approximative qu'elle ne couvre qu'un très petit nombre d'hectares.

On attache, à juste titre, à la qualité de la graine une importance capitale, tant point de vue de la valeur intrinsèque de la semence que de la pureté des variétés cu tivées. Aussi, de même que les fabricants de sucre, par exemple, imposent leurs s mences aux cultivateurs qui alimentent leurs usines, de même l'Administration fourni elle la graine aux cultivateurs; il est interdit à ceux-ci de semer d'autres graines qu celles qui sont distribuées par les agents du service et de se livrer à la culture d plantes mères, qui est réservée à quelques planteurs d'élite.

Les porte-graines sont choisis parmi les pieds les plus vigoureux et les plus beau présentant d'une manière bien accusée les qualités requises pour les feuilles. Afin d'é viter l'hybridation, les plantes ne doivent pas être trop rapprochées; on les cultiv quefois dans des enclos et, pour diminuer les chances d'un insuccès général, on rend sur plusieurs plantations et sur chacune en différents points. Elles ne sont cimées et reçoivent des buttages et arrosages fréquents.

Blot, qui s'est livré à d'importantes recherches sur la culture des porte-graines le département du Nord[1], a été conduit à recommander les conditions sui-s pour cette culture : disséminer les plantes mères dans toute l'étendue d'une ation; élaguer les bourgeons secondaires et ne conserver que 50 ou 70 capsules fleuri les premières, supprimer les bourgeons floraux qui naissent après l'éla-; n'enlever aux plantes mères que les feuilles basses, en laissant subsister un mi-m de 10 feuilles et n'opérer l'épamprement qu'après la fructification; ne récolter ıpsules que séparément et à maturité complète.

Blot fait observer que la précocité variant en raison inverse du nombre de cap-et de feuilles conservées, il peut être avantageux dans la région du Nord, où la c arrive difficilement à maturité certaines années, de ne pas dépasser 50 capsules plante et d'élaguer quelques feuilles de plus, mais seulement après entière for-on de la graine et dans le cas où celle-ci tarderait trop à mûrir.

maturité est atteinte quand les capsules ont pris une teinte brun rougeâtre et e pédoncule commence à se dessécher. Si elle a lieu simultanément pour toutes ıpsules, on peut opérer la récolte des graines sur tiges, en coupant les plants à partie inférieure; on les met à sécher en les suspendant au soleil ou dans une bre aérée; ensuite on sépare les capsules.

ıns le Nord, où les capsules n'arrivent à maturité qu'à des intervalles de temps 'étendent sur plusieurs semaines, on les cueille par rameaux ou bouquets.

rès dessiccation, les capsules sont égrénées et les graines, grossièrement vannées, livrées à l'Administration, qui en fait le triage et l'épuration.

s plantes porte-graines sont considérées comme ayant besoin d'une forte fumure, de chaleur et de lumière.

cultivateur reçoit, pour les soins supplémentaires qu'exige la culture des porte-es, une prime fixe qui varie suivant les départements de 0 fr. 05 par pied à 15; il reçoit, en outre, le prix des feuilles. Celles-ci sont plus nombreuses, mais poids est moindre et surtout elles ne possèdent pas les qualités qui permettent de lasser dans les tabacs marchands; le prix des 100 kilogrammes dépasse rarement rancs.

n voit combien les conditions de cette culture diffèrent de celles de la culture ordi-e et il était intéressant de les mettre en parallèle, tant au point de vue de l'épuisement ol que du produit brut par hectare. Dans ce but, nous avons institué, en 1897, de elles expériences chez nos excellents et dévoués collaborateurs du Nord, de la nde et du Lot, MM. Rembry, Rochet et Dufour, en soumettant parallèlement à la e et à l'analyse tous les produits d'une culture ordinaire et d'une culture de porte-ıes. Pour cette dernière, qui ne comporte qu'un nombre de pieds très restreint, s dans la plantation, nous avons mis en observation 50 pieds, de la même façon les 100 pieds de la culture ordinaire. On s'est attaché à recueillir tous les pro-s enlevés à la plante, feuilles d'épamprement, bourgeons secondaires, fleurs, cap-

[1] Blot, *Recherches des meilleures conditions de culture des porte-graines. Mémorial des Manufactures État*, 1884.

sules, etc., et nous avons rapporté les résultats à l'hectare, en considérant que, da le cas de la culture de porte-graines comme dans celui de la culture ordinaire, le t rain était occupé par le même nombre de pieds.

Voici les résultats de nos expériences :

DÉPARTEMENT DU NORD.

CULTURE ORDINAIRE.

Les documents relatifs à la culture de M. Rembry, sont les suivants:

Surface plantée .... 52 ares 78

Nombre de pieds...	primitivement plantés	23,162 soit	43,884 par becta
	manquants	0	0
	détruits	42	79
	restant en charge	23,120	43,805

Le tableau suivant donne la série des diverses opérations (épamprement, écimag ébourgeonnages, etc.), les dates auxquelles elles ont été effectuées, les poids secs c produits enlevés sur les 100 pieds en expérience et ces poids rapportés à l'hectare :

DÉSIGNATION.	DATES des OPÉRATIONS.	POIDS SECS pour LES 100 PIEDS en expérience.	POIDS SECS pour LES 43.805 PIE à l'hectare.
		grammes.	kilogr.
Feuilles d'épamprement	13 juillet.	740 0	324 2
Bourgeons d'écimage	*Idem.*	30 0	13 1
Bourgeons du 1er ébourgeonnage	19 juillet.	870 0	381 1
Bourgeons du 2e ébourgeonnage	10 août.	440 0	192 7
Bourgeons du 3e ébourgeonnage	25 août.	185 0	81 0
Tiges à la récolte	*Idem.*	906 0	396 9
Racines à la récolte	*Idem.*	2,718 3	1,190 6
Feuilles à la livraison	....	5,964 0	2,612 8

Voici la composition centisémale de la matière sèche pour chacun des produits én mérés :

DÉSIGNATION.	COMPOSITION CENTÉSIMALE DE LA MATIÈRE SÈCHE. CENDRES.	AZOTE.	ACIDE PHOSPHORIQUE.	POTASSE.	CHAUX.
Jeunes plants	28.51	4.05	0.74	5.61	4.20
Feuilles d'épamprement	34.85	3.71	0.67	3.93	7.34
Bourgeons d'écimage	15.40	6.61	2.86	5.83	1.43
Bourgeons du 1er ébourgeonnage	13.39	5.49	1.46	4.62	2.27
Bourgeons du 2e ébourgeonnage	13.39	5.45	1.51	4.47	0.98
Bourgeons du 3e ébourgeonnage	23.15	4.49	1.24	4.13	0.92
Pieds de mauvaise venue	25.22	4.10	1.00	3.88	4.14
Tiges	12.16	3.29	1.12	2.40	3.28
Racines	14.72	1.71	0.80	1.40	1.29
Feuilles mûres	21.13	3.74	0.84	2.78	7.56

tableau suivant indique la somme des matières fertilisantes empruntées à 1 hec-
de sol par les 43,805 pieds qui ont réellement occupé le terrain pendant toute
riode culturale, en faisant, comme nous l'avons expliqué, les corrections relatives
79 pieds de mauvaise venue, pesant 2 kilogr. 5 et aux 43,884 jeunes plants, pe-
10 kilogr. 3.

DÉSIGNATION.	MATIÈRES FERTILISANTES EMPRUNTÉES AU SOL PAR HECTARE.			
	AZOTE.	ACIDE PHOSPHORIQUE.	POTASSE.	CHAUX.
	kilogr.	kilogr.	kilogr.	kilogr.
ailles d'épamprement	12 028	2 172	12 741	23 796
rgeons — d'écimage	0 866	0 375	0 764	0 187
rgeons — du 1er ébourgeonnage	20 922	5 564	17 607	8 651
rgeons — du 2e ébourgeonnage	10 502	2 910	8 614	1 888
rgeons — du 3e ébourgeonnage	3 637	1 004	3 345	0 745
ds de mauvaise venue	0 102	0 025	0 097	0 103
es	13 058	4 445	9 526	13 018
ines	20 359	9 525	16 668	15 359
ailles mûres	97 719	21 947	72 636	197 528
AL	179 193	47 967	141 998	261 275
ÉDUIRE, jeunes plants	0 417	0 076	0 578	0 433
TIÈRES FERTILISANTES empruntées au sol par hectare	178 776	47 891	141 420	260 842

es feuilles quittant seules le domaine, puisque tous les autres produits de la
re restent sur le sol, ce sont les chiffres qui se rapportent aux feuilles qui repré-
nt l'exportation proprement dite, soit :

Azote	98 kilogr.
Acide phosphorique	22
Potasse	73
Chaux	198

convient d'ajouter que la récolte 1897 a été, à la livraison, de 3,438 kilogram-
, c'est-à-dire bien au-dessus de la moyenne et, *a fortiori*, supérieure à celle
896; c'est que l'année 1897 a été favorisée par des pluies ayant provoqué un
loppement plus grand de la plante.

CULTURE DES PORTE-GRAINES.

es documents relatifs à la plantation sont les suivants :

Surface plantée		8 ares 91
Nombre de pieds	primitivement plantés	400
	manquants	//
	détruits	//
	restant en charge	400

Les diverses opérations effectuées et les poids obtenus sont consignés dans le table suivant :

DÉSIGNATION.	DATES des OPÉRATIONS.	POIDS SECS	
		pour les 50 pieds en expérience.	pour les 43,884 pieds à l'hectare.
		Grammes.	Kilogr.
Feuilles d'épamprement	19 juillet.	220	193 1
Bourgeons du 1er ébourgeonnage	19 juillet.	57	50 0
Bourgeons du 2e ébourgeonnage	30 juillet.	17	14 9
Feuilles du 2e épamprement	10 août.	390	342 3
Bourgeons du 3e ébourgeonnage / du 4e ébourgeonnage	10 août. / 6 septembre.	28	24 6
Fleurs	25 août.	80	70 2
Fleurs	6 septembre.	164	143 9
Tiges à la récolte	*Idem.*	2,839	2,491 8
Racines à la récolte	*Idem.*	980	860 1
Feuilles à la livraison	....	1,712	1,502 6
Capsules, pédoncules et graines	....	2,591	2,274 1

Voici la composition centésimale de la matière sèche de chacun de ces divers pr duits :

DÉSIGNATION.	COMPOSITION CENTÉSIMALE DE LA MATIÈRE SÈCHE.				
	CENDRES.	AZOTE.	ACIDE PHOSPHORIQUE.	POTASSE.	CHAUX.
Feuilles d'épamprement	29.55	3.20	0.50	4.84	5.40
Bourgeons du 1er ébourgeonnage	17.60	5.07	1.11	3.64	2.38
Bourgeons du 2e ébourgeonnage	12.55	5.87	1.73	4.59	1.51
Feuilles du 2e épamprement	25.30	2.65	0.33	3.69	6.52
Bourgeons des 3e et 4e ébourgeonnages	9.97	5.03	1.28	4.15	1.18
Fleurs	8.50	3.49	0.93	3.61	0.81
Fleurs	10.42	4.36	1.07	4.27	1.09
Tiges	6.72	2.33	0.38	2.50	1.20
Racines	13.50	1.74	0.36	1.27	0.98
Feuilles mûres	19.10	4.07	0.87	1.53	6.22
Capsules, pédoncules et graines	7.40	3.43	0.98	2.51	0.56

e tableau ci-après se rapporte aux quantités de matières fertilisantes empruntées au)ar hectare :

DÉSIGNATION.	MATIÈRES FERTILISANTES EMPRUNTÉES AU SOL PAR HECTARE.			
	AZOTE.	ACIDE PHOSPHORIQUE.	POTASSE.	CHAUX.
	kilogr.	kilogr.	kilogr.	kilogr.
uilles d'épamprement	6 179	0 965	9 345	10 437
urgeons { du 1er ébourgeonnage	2 535	0 555	1 820	1 190
urgeons { du 2e ébourgeonnage	0 875	0 258	0 684	0 225
uilles du 2e épamprement	9 071	1 130	12 631	22 318
urgeons des 3e et 4e ébourgeonnages	1 237	0 315	1 021	0 290
eurs	2 450	0 653	2 534	0 569
eurs	6 274	1 540	6 144	1 568
ges	58 059	9 469	62 295	29 902
cines	14 966	3 096	10 923	8 429
uilles mûres	61 156	13 073	22 990	93 462
doncules, capsules et graines	78 002	22 286	57 080	12 735
TAL	240 804	53 340	187 467	181 115
DÉDUIRE, jeunes plants	0 417	0 076	0 578	0 433
ATIÈRES FERTILISANTES empruntées au sol par hectare	240 387	53 264	186 889	180 682

ans le cas des porte-graines il y a lieu, pour calculer l'exportation réelle, d'ajouter matières enlevées par les feuilles, celles enlevées par les graines qui, elles aussi, tent le domaine, soit au total :

Azote	139 kilogr.
Acide phosphorique	35
Potasse	80
Chaux	106

:e chiffre est trop élevé, car avec les graines proprement dites nous comprenons ici capsules et les pédoncules qui, en réalité, font retour au fumier.

DÉPARTEMENT DE LA GIRONDE.

CULTURE ORDINAIRE.

Nos expériences de 1897 ont été faites, comme celles de l'année précédente, chez Rochet, à la Réole.

Voici les résultats relatifs à la plantation de 1897, pour la culture ordinaire :

Surface plantée			35 ares 84
Nombre de pieds	primitivement plantés	12,803	soit 35,720 par hectare.
	manquants	347	968
	détruits	206	574
	restant en charge	12,250	34,178

Le tableau suivant complète ces documents et résume les résultats obtenus :

DÉSIGNATION.		DATES des OPÉRATIONS.	POIDS SECS pour LES 100 PIEDS en expérience.	POIDS SECS pour LES 34,178 PIEDS à l'hectare.
			grammes.	kilogr.
Feuilles d'épamprement		28 juillet.	1 370	468 2
Bourgeons	d'écimage	28 juillet.	0 073	24 9
	du 1er ébourgeonnage	12 août.	84	28 7
	du 2e ébourgeonnage	20 août.	118	40 3
	du 3e ébourgeonnage	28 août.	385	131 6
	du 4e ébourgeonnage	8 septembre.	480	164 0
	du 5e ébourgeonnage	18 septembre.	268	91 6
Tiges à la récolte		18 septembre.	3,052	1,043 2
Racines		*Idem.*	3,547	1,212 2
Regain		//	962	328 8

		QUANTITÉS LIVRÉES.	QUANTITÉS À L'HECTARE. À LA LIVRAISON.	QUANTITÉS À L'HECTARE. À L'ÉTAT SEC.
Feuilles à la livraison :		kilogr.	kilogr.	kilogr.
Tabacs marchands	Surchoix	100	279 0	200 9
	1re qualité	52	145 1	104 5
	2e qualité	510	1,422 9	1,024 5
	3e qualité	289	806 3	580 5
TOTAL des feuilles		951	2,653 3	1,910 4

La composition centésimale de la matière sèche de ces divers produits est la suivante :

DÉSIGNATION.		CENDRES.	AZOTE.	ACIDE PHOSPHORIQUE.	POTASSE.	CHAUX.
		COMPOSITION CENTÉSIMALE DE LA MATIÈRE SÈCHE.				
Jeunes plants		33.01	4.66	1.01	8.20	3.11
Feuilles d'épamprement		16.22	3.64	0.30	5.71	4.20
Bourgeons	d'écimage	15.00	6.39	1.94	5.60	1.15
	du 1er ébourgeonnage	14.28	6.29	1.84	6.71	1.01
	du 2e ébourgeonnage	12.55	5.65	1.30	5.63	1.04
	du 3e ébourgeonnage	13.37	4.84	1.05	6.12	0.84
	du 4e ébourgeonnage	11.32	4.04	0.89	5.37	0.56
	du 5e ébourgeonnage	16.05	4.26	1.04	6.24	0.81
Pieds de mauvaise venue		18.52	2.39	0.30	4.46	1.93
Tiges		11.33	2.39	0.50	4.56	1.37
Racines		16.98	1.32	0.31	1.54	0.98
Feuilles mûres (moyenne)		23.63	2.55	0.35	5.63	5.38
Regain		31.10	5.01	1.48	4.24	2.69

s données nous permettent de dresser le tableau suivant, qui indique la somme
natières fertilisantes empruntées au sol par hectare, en tenant compte des 574 pieds
auvaise venue, pesant 9 kil. 8, et des 34,752 jeunes plants, pesant 21 kil. 9.

DÉSIGNATION.	MATIÈRES FERTILISANTES EMPRUNTÉES AU SOL PAR HECTARE.			
	AZOTE.	ACIDE PHOSPHORIQUE.	POTASSE.	CHAUX.
	kilogr.	kilogr.	kilogr.	kilogr.
illes d'épamprement	17 042	1 405	26 734	19 664
rgeons d'écimage	1 591	0 483	1 394	0 286
rgeons du 1er ébourgeonnage	1 805	0 528	1 926	0 290
rgeons du 2e ébourgeonnage	2 277	0 524	2 269	0 419
rgeons du 3e ébourgeonnage	6 369	1 382	8 054	1 105
rgeons du 4e ébourgeonnage	6 626	1 460	8 807	0 918
rgeons du 5e ébourgeonnage	3 902	0 953	5 716	0 742
ds de mauvaise venue	0 234	0 029	0 437	0 189
es	24 932	5 216	47 570	14 292
ines	16 001	3 758	18 668	11 879
illes mûres	48 715	6 686	107 555	102 779
ain	16 473	4 866	13 941	8 844
AL	145 967	27 290	243 071	161 407
ÉDUIRE, jeunes plants	1 020	0 221	1 795	0 681
TIÈRES FERTILISANTES empruntées au sol par hectare	144 947	27 069	241 276	160 726

exportation proprement dite par les feuilles est la suivante :

Azote	49 kilogr.
Acide phosphorique	7
Potasse	107
Chaux	103

CULTURE DES PORTE-GRAINES.

es documents relatifs à la plantation sont les suivants :

Surface plantée		35 ares 84	
Nombre de pieds	primitivement plantés	12,803 soit	35,720 par hectare.
	manquants	347	968
	détruits	206	574
	restant en charge	12,250	34,178

Le tableau suivant complète les résultats précédents en ce qui concerne les opé
tions effectuées et les poids obtenus :

DÉSIGNATION.	DATES DES OPÉRATIONS.	POIDS SECS pour les 50 pieds en expérience.	POIDS SECS pour les 34,178 pie à l'hectare.
		grammes.	kilogr.
Feuilles d'épamprement	28 juillet.	685	468 2
1er ébourgeonnage (fleurs et bourgeons)	12 août.	21	14 3
2e ébourgeonnage (épamprement au-dessous des graines).	20 août.	120	82 0
3e ébourgeonnage	29 août.	17	11 6
4e ébourgeonnage (pinçage des fleurs)	7 septembre.	28	19 1
5e ébourgeonnage (châtrage)	18 septembre.	27	18 4
Fleurs	20 août.	226	154 5
Tiges à la récolte	8 septembre.	3,329	2,276 0
Racines à la récolte	*Idem.*	1,455	995 0
Feuilles à la livraison	....	2,095	1,432 0
Capsules, pédoncules et graines	....	1,097	750 0

Voici la composition centésimale de ces divers produits considérés à l'état sec :

DÉSIGNATION.	COMPOSITION CENTÉSIMALE DE LA MATIÈRE SÈCHE. CENDRES.	AZOTE.	ACIDE PHOSPHORIQUE.	POTASSE.	CHAUX.
Feuilles d'épamprement	16.22	3.64	0.30	5.71	4.20
1er ébourgeonnage (fleurs et bourgeons)	10.80	4.07	1.29	5.58	0.92
2e ébourgeonnage (épamprement au-dessous des graines)	13.15	4.74	0.63	5.15	2.83
3e ébourgeonnage	11.10	4.13	0.94	6.07	1.15
4e ébourgeonnage (pinçage des fleurs)	11.34	4.29	1.02	5.90	0.81
5e ébourgeonnage (châtrage)	13.20	4.36	1.03	5.90	0.90
Fleurs	10.45	4.07	1.28	5.36	0.90
Tiges	6.42	1.01	0.26	3.73	0.70
Racines	14.15	0.77	0.31	1.93	0.98
Feuilles mûres	22.80	1.39	0.23	4.03	5.40
Capsules avec pédoncules	7.50	3.13	1.04	3.98	0.73

e tableau ci-après exprime les quantités de matières fertilisantes empruntées au par hectare pour les 34,178 pieds, en tenant compte comme précédemment des s de mauvaise venue et des jeunes plants :

DÉSIGNATION.	MATIÈRES FERTILISANTES EMPRUNTÉES AU SOL PAR HECTARE.			
	AZOTE.	ACIDE PHOSPHORIQUE.	POTASSE.	CHAUX.
	kilogr.	kilogr.	kilogr.	kilogr.
uilles d'épamprement	17 042	1 405	26 734	19 664
ébourgeonnage	0 582	0 184	0 798	0 131
ébourgeonnage	3 887	0 517	4 223	2 321
ébourgeonnage	0 479	0 109	0 704	0 133
ébourgeonnage	0 819	0 195	1 127	0 155
ébourgeonnage	0 802	0 189	1 086	0 166
eurs	6 288	1 978	8 281	1 390
eds de mauvaise venue	0 234	0 029	0 437	0 189
ges	22 988	5 918	84 895	15 932
cines	7 661	3 084	19 203	9 751
uilles mûres	19 905	3 294	57 709	77 328
psules et pédoncules	23 475	7 800	29 850	5 475
gain	16 473	4 866	13 941	8 844
TAL	120 635	29 568	248 988	141 479
ÉDUIRE, jeunes plants	1 020	0 221	1 795	0 681
TIÈRES FERTILISANTES empruntées au sol par hectare	119 615	29 347	247 193	140 798

'exportation proprement dite par les feuilles et les graines, sous la réserve que s avons précédemment exprimée, s'élève aux chiffres suivants :

Azote	43 kilogr.
Acide phosphorique	11
Potasse	87
Chaux	83

DÉPARTEMENT DU LOT.

CULTURE ORDINAIRE.

oici les résultats relatifs à la plantation de M. Dufour, à Arcambal, en 1897, pour ulture ordinaire :

Surface plantée		54 ares 45		
Nombre de pieds...	primitivement plantés	6,000	soit	11,019 par hectare.
	manquants	8		14
	détruits	62		114
	restant en charge	5,930		10,891

Le tableau suivant donne les résultats obtenus dans les diverses opérations effectuées :

DÉSIGNATION.	DATES DES OPÉRATIONS.	POIDS SECS pour les 100 pieds en expérience.	POIDS SECS pour les 10,891 pieds à l'hectare.
		grammes.	kilogr.
Feuilles de nettoiement	15 juillet.	745	81 1
Feuilles d'épamprement	15-20 juillet.	429	46 7
Bourgeons d'écimage	20 juillet.	130	14 2
Bourgeons du 1er ébourgeonnage	*Idem.*	144	15 7
Bourgeons du 2e ébourgeonnage	29 juillet.	354	38 5
Bourgeons du 3e ébourgeonnage	2 août.	304	33 1
Bourgeons du 4e ébourgeonnage	11 août.	860	93 7
Bourgeons du 5e ébourgeonnage	20 août.	540	58 8
Bourgeons du 6e ébourgeonnage	2 septembre.	310	33 8
Tiges à la récolte	*Idem.*	3,833	417 5
Racines à la récolte	*Idem.*	7,080	771 1
Regain	....	945	102 9
	QUANTITÉS LIVRÉES.	QUANTITÉS PAR HECTARE à la livraison.	QUANTITÉS PAR HECTARE à l'état sec.
Feuilles à la livraison :	kilogr.	kilogr.	kilogr.
Tabacs marchands. Surchoix	40	73 4	55 0
Tabacs marchands. 1re qualité	365	670 3	502 7
Tabacs marchands. 2e qualité	238	437 1	327 8
Tabacs marchands. 3e qualité	143	262 6	196 9
Tabacs non marchands. 1re classe	40	73 4	55 0
Tabacs non marchands. 3e classe	3	5 5	4 1
TOTAL des feuilles	829	1.522 3	1,141 5

Voici la composition centésimale de la matière sèche de ces divers produits :

DÉSIGNATION.	COMPOSITION CENTÉSIMALE DE LA MATIÈRE SÈCHE. CENDRES.	AZOTE.	ACIDE PHOSPHORIQUE.	POTASSE.	CHAUX.
Jeunes plants	23.60	3.57	0.75	6.76	3.33
Feuilles de nettoiement	27.97	3.92	0.70	6.85	8.23
Feuilles d'épamprement	25.90	4.30	0.55	6.19	6.05
Bourgeons d'écimage	14.17	6.61	1.95	6.27	1.71
Bourgeons du 1er ébourgeonnage	16.45	6.20	1.71	5.76	1.76
Bourgeons du 2e ébourgeonnage	15.40	5.97	1.59	6.07	1.40
Bourgeons du 3e ébourgeonnage	17.30	5.65	1.34	6.05	1.32
Bourgeons du 4e ébourgeonnage	15.15	4.91	1.26	5.37	0.98
Bourgeons du 5e ébourgeonnage	15.45	4.37	0.91	5.07	0.87
Bourgeons du 6e ébourgeonnage	19.40	4.50	1.11	5.25	0.81
Pieds de mauvaise venue	18.70	3.12	0.54	4.12	4.42
Tiges	10.00	2.96	0.54	4.25	1.82
Racines	6.35	1.41	0.41	1.52	1.12
Feuilles mûres	22.05	3.18	0.47	3.56	7.25
Regain	20.32	5.08	1.59	3.97	2.66

Ces chiffres permettent de dresser le tableau suivant, concernant les quantités de tières fertilisantes empruntées au sol par hectare, en tenant compte des 114 pieds mauvaise venue, pesant 13 kilogr. 3 et des 11,005 jeunes plants, pesant 3 kilogr. 1.

DÉSIGNATION.	MATIÈRES FERTILISANTES EMPRUNTÉES AU SOL PAR HECTARE.			
	AZOTE.	ACIDE PHOSPHORIQUE.	POTASSE.	CHAUX.
	kilogr.	kilogr.	kilogr.	kilogr.
Feuilles de nettoiement	3 179	0 568	5 555	6 674
Feuilles d'épamprement	2 008	0 257	2 891	2 825
Bourgeons d'écimage	0 939	0 277	0 890	0 243
Bourgeons du 1er ébourgeonnage	0 973	0 268	0 904	0 276
Bourgeons du 2e ébourgeonnage	2 298	0 612	2 337	0 539
Bourgeons du 3e ébourgeonnage	1 870	0 443	2 002	0 437
Bourgeons du 4e ébourgeonnage	4 601	1 181	5 032	0 918
Bourgeons du 5e ébourgeonnage	2 570	0 535	2 981	0 512
Bourgeons du 6e ébourgeonnage	1 521	0 375	1 774	0 274
Pieds de mauvaise venue	0 415	0 072	0 548	0 588
Tiges	12 358	2 254	17 744	7 598
Racines	10 872	3 161	11 721	8 636
Feuilles mûres	36 300	5 365	40 637	82 759
Regain	5 227	1 636	4 085	2 737
TOTAL	85 131	17 004	99 101	115 016
A DÉDUIRE, jeunes plants	0 111	0 023	0 209	0 103
MATIÈRES FERTILISANTES empruntées au sol par hectare	85 020	16 981	98 892	114 913

L'exportation proprement dite par les feuilles, qui seules quittent le domaine, est la vante :

Azote	36 kilogr.
Acide phosphorique	5
Potasse	40
Chaux	83

CULTURE DES PORTE-GRAINES.

Voici les résultats relatifs à la culture des porte-graines :

Nombre de pieds	primitivement plantés	11,019 par hectare.
	manquants	"
	détruits	"
	restant en charge	10,891

Le tableau suivant donne la série des diverses opérations, les dates auxquelles ell ont été effectuées et les poids secs obtenus.

DÉSIGNATION.	DATES DES OPÉRATIONS.	POIDS SECS	
		pour LES 50 PIEDS en expérience.	pour LES 10,891 PIEDS à l'hectare.
		grammes.	kilogr.
Feuilles d'épamprement	20 juillet.	345	75 1
Bourgeons du 1er ébourgeonnage	*Idem.*	140	30 5
Bourgeons du 2e ébourgeonnage	29 juillet.	188	40 9
Bourgeons du 3e ébourgeonnage	11 août.	67	14 6
Fleurs tombées de bonne heure	20 août.	222	48 3
Boutons floraux	*Idem.*	990	215 6
Bourgeons avec capsules (4e ébourgeonnage)	2 septembre.	350	76 2
Tiges à la récolte	*Idem.*	5,716	1,245 0
Racines à la récolte	*Idem.*	4,178	910 0
Feuilles mûres	....	4.752	1,035 0
Capsules, pédoncules et graines	....	3,223	702 0

Voici la composition centésimale de ces divers produits considérés à l'état sec :

DÉSIGNATION.	COMPOSITION CENTÉSIMALE DE LA MATIÈRE SÈCHE.				
	CENDRES.	AZOTE.	ACIDE PHOSPHORIQUE.	POTASSE.	CHAUX.
Feuilles d'épamprement	30.60	3.53	0.49	5.59	8.26
Bourgeons du 1er ébourgeonnage	12.50	5.91	1.55	5.93	1.43
Bourgeons du 2e ébourgeonnage	12.50	5.27	1.06	5.34	1.74
Bourgeons du 3e ébourgeonnage	13.70	4.75	0.83	4.07	2.86
Bourgeons du 4e ébourgeonnage	14.10	4.56	1.10	4.66	2.02
Fleurs	9.35	3.09	0.89	3.73	0.73
Boutons floraux	9.45	4.30	1.04	4.29	0.92
Tiges	6.15	1.57	0.27	3.41	0.91
Racines	8.60	1.15	0.41	1.76	1.06
Feuilles mûres	13.60	2.22	0.40	2.95	8.04
Pédoncules, capsules et graines	6.75	3.69	1.03	3.58	0.59

e tableau ci-après exprime les quantités de matières fertilisantes empruntées au
par hectare :

DÉSIGNATION.	MATIÈRES FERTILISANTES EMPRUNTÉES AU SOL PAR HECTARE.			
	AZOTE.	ACIDE PHOSPHORIQUE.	POTASSE.	CHAUX.
	kilogr.	kilogr.	kilogr.	kilogr.
uilles d'épamprement	2 651	0 368	4 198	6 203
urgeons du 1er ébourgeonnage	1 802	0 473	1 809	0 436
urgeons du 2e ébourgeonnage	2 155	0 433	2 184	0 712
urgeons du 3e ébourgeonnage	0 693	0 121	0 594	0 417
urgeons du 4e ébourgeonnage	3 475	0 838	3 551	1 539
eurs	1 492	0 430	1 801	0 352
utons floraux	9 271	2 242	9 249	1 983
eds de mauvaise venue	0 415	0 072	0 548	0 588
ges	19 546	3 361	42 454	11 329
acines	10 465	3 731	16 016	9 646
uilles mûres	22 977	4 140	30 532	83 214
psules, pédoncules et graines	25 904	7 231	25 132	4 142
gain	5 227	1 636	4 085	2 737
TAL	106 073	25 076	142 153	123 298
DÉDUIRE, jeunes plants	0 111	0 023	0 209	0 103
ATIÈRES FERTILISANTES empruntées au sol par hectare	105 962	25 053	141 944	123 195

'exportation réelle par les feuilles, les graines et les capsules est de :

Azote	49 kilogr.
Acide phosphorique	11
Potasse	56
Chaux	87

ous nous réservons de tirer ultérieurement de ces chiffres les conclusions utiles.

Cette première partie de notre travail comprend l'exposé forcément aride de chiffres
ımant nos analyses et nos expériences de culture. Dans la deuxième partie, nous
s proposons de rapprocher entre eux tous ces chiffres, afin d'en dégager les consé-
ences qui peuvent intéresser l'agronomie et la pratique agricole.

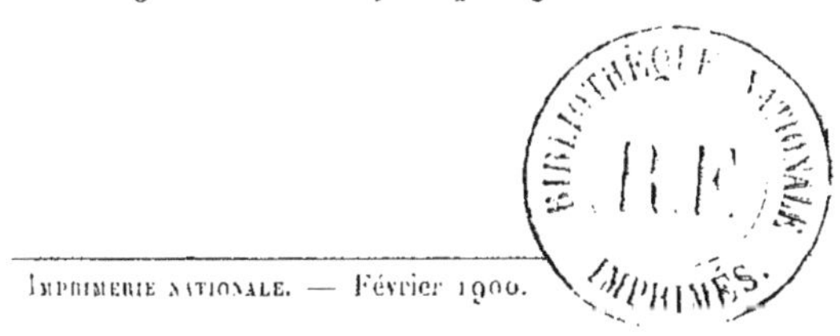

IMPRIMERIE NATIONALE. — Février 1900.

www.ingramcontent.com/pod-product-compliance
Ingram Content Group UK Ltd.
Pitfield, Milton Keynes, MK11 3LW, UK
UKHW022116190726
13855UKWH00003B/891

9 782013 34257